工业机器人技术应用系列

职业教育“十三五”规划教材

工业机器人机械装调与电气控制

陈国栋 主 编◎

電子工業出版社

Publishing House of Electronics Industry

北京 · BEIJING

内 容 简 介

全书共分 7 个单元，主要内容包括：工业机器人基础知识，工业机器人机械本体的拆装与检测，工业机器人电力系统，工业机器人控制系统，工业机器人电气系统的装配与调试，工业机器人基本运动任务调试，工业机器人常见故障分析及精度检测方法。

本书可作为本科及职业院校机电及电气类专业教材，也是企业技术人员的有益读本。

图书在版编目（CIP）数据

工业机器人机械装调与电气控制 / 陈国栋主编. —北京：电子工业出版社，2019.3

ISBN 978-7-121-35169-3

Ⅰ. ①工… Ⅱ. ①陈… Ⅲ. ①工业机器人—装配（机械）—高等学校—教材 ②工业机器人—调试方法—高等学校—教材 ③工业机器人—电气控制—高等学校—教材 Ⅳ. ①TP242.2

中国版本图书馆 CIP 数据核字（2018）第 227774 号

策划编辑：朱怀永
责任编辑：朱怀永
印　　刷：北京七彩京通数码快印有限公司
装　　订：北京七彩京通数码快印有限公司
出版发行：电子工业出版社
　　　　　北京市海淀区万寿路 173 信箱　邮编　100036
开　　本：787×1 092　1/16　印张：12.25　字数：313 千字
版　　次：2019 年 3 月第 1 版
印　　次：2019 年 3 月第 1 次印刷
定　　价：39.80 元

凡所购买电子工业出版社图书有缺损问题，请向购买书店调换。若书店售缺，请与本社发行部联系，联系及邮购电话：（010）88254888，88258888。

质量投诉请发邮件至 zlts@phei.com.cn，盗版侵权举报请发邮件至 dbqq@phei.com.cn。

本书咨询联系方式：（010）88254608，zhy@phei.com.cn。

前言
PREFACE

在智能制造和AI技术快速发展的今天，机器人已经成为现代装备制造业的主体，江苏汇博机器人技术股份有限公司（以下简称汇博机器人）联合苏州大学、常州机电职业技术学院、深圳职业技术学院、无锡职业技术学院等院校，在机器人教育方面规划编写了本教材，致力于为广大院校提供机器人专业建设一体化解决方案，包括专业建设论证、课程体系建设、教学设备开发、培养方案制定等。

当前，智能制造产业正飞速发展，国际上掀起了新一轮科技革命和产业革命的浪潮。产业发展带动人才需求，我国有机器人及智能制造行业的相关企业数千家，相应的人才储备数量和质量却捉襟见肘。根据教育部、人力资源和社会保障部、工业和信息化部等部委联合发布的《制造业人才发展规划指南》中预测，到2025年高档数控机床和机器人领域，人才缺口将达到450万人。为解决行业人才人才缺口，教育部、人力资源和社会保障部等部委出台了相关人才培养计划，提出完善职业教育和培训体系，深化产教融合、校企合作，推出“现代学徒制”等模式，将企业作为职业教育人才培养的双主体之一。

作为工业机器人职业教育的先行者，2009年以来，汇博机器人秉承工业应用、教育应用与人才培养三位一体的发展模式，在工业机器人教育领域与500余所院校展开深入合作，开发出了一系列接近工业实际应用并且针对教学需求专门做了优化设计的机器人产品，提升了机器人专业和学科的建设水平，学生能通过实训平台实现由理论知识到实际应用的迅速转换，完美实现了理论学习与生产实践的零距离对接。

2017年汇博机器人公司组建了“汇博机器人学院”，由我国机器人领域泰斗蔡鹤皋院士亲自担任名誉院长，致力于成为校长的专业建设参谋、教师的教学深造摇篮、学生的技术技能加油站。学院以任务驱动、项目引领、科研带动为教学理念编写了汇博机器人系列课程教材，本教材为该系列课程教材的重要组成部分，是汇博机器人十多年来“工业机器人专业建设整体解决方案”成果的总结和提炼。

本书是根据“任务引领、项目驱动、科研带动”的课程指导思想和理念模式编写的。本书侧重工业机器人系统的操作实践和应用，编写时以任务驱动为主线，以项目导向为主题；以教师为主导，以学生为主体；注重实操体验，理实一体。本书主要内容包括：工业机器人基础知识、工业机器人机械本体的拆装与检测、工业机器人电力系统、工业机器人控制系统、工业机器人电气系统的装配与调试、工业机器人基本运动任务调试、工业机器人常见故障分析及精度检测方法。通过学习训练培养学生的方法能力、专业能力和社会能力，从而提高学生知识、技能和态度等综合素质。

为方便教师教学和学生学习，针对工业机器人机械本体的拆装与检测操作，编写人员制作了演示动画，可以通过扫描附录C中的二维码进行观看。

由于时间仓促，本书难免有不足之处，敬请广大教师学生读者批评指正！联系邮箱：institute@huiborobot.com。

编　者

2018年12月30日

目 录

CONTENTS

单元一

工业机器人基础知识

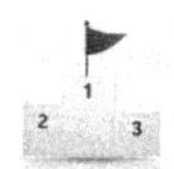

单元描述

本书重点介绍3kg工业机器人的拆装、检测与调试，还包括对机器人本体、电气系统的操作。工业机器人是一种高级机电一体化产品，在学习机器人技术之前需要掌握一定的准备知识，如机械传动、电气、控制等基础知识。

任务一 工业机器人常用传动机构及工作原理

◎ 任务目标

1. 认识常用传动方式的类型；
2. 了解常用传动原理；
3. 了解液压与气压传动系统的构成。

◎ 任务描述

传动分为机械传动、流体传动和电气直驱传动3大类，如图1-1所示。本任务将对工业机器人常用的机械传动和流体传动进行介绍。

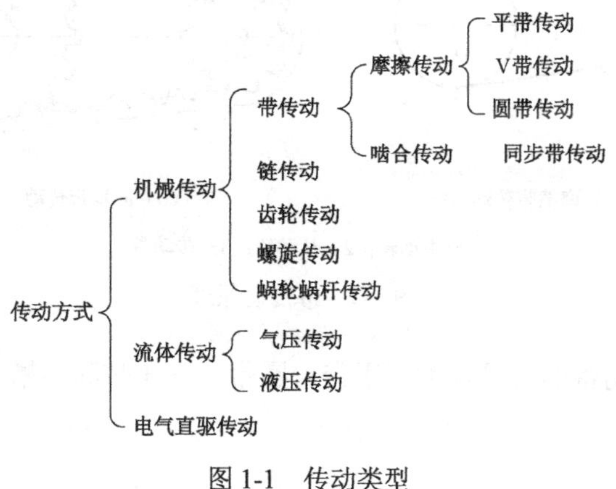

图1-1 传动类型

一、机械传动

如图 1-2 所示，机械传动装置按照其传动原理，主要可以分为两类：第一类是靠传动件之间的摩擦力传递动力和运动的摩擦传动，主要有带传动、绳传动以及摩擦轮传动等。依据摩擦传动的传动原理，其能够很容易实现无级变速，且能适应周间距较大的传动场合。当出现传动过载时，还可以起到缓冲和保护传动装置的作用，但这种传动一般不能用于大功率的传动场合，也不能确保精确的传动比。第二类则是靠主动件与从动件，或者是两者之间通过中间件啮合的方式传递动力和运动的啮合传动，主要有带传动、齿轮传动、链传动、螺旋传动以及谐波传动等。啮合传动能够胜任大功率的应用场合，传动比精确，但此类零件对于制造精度和安装精度的要求比较高。

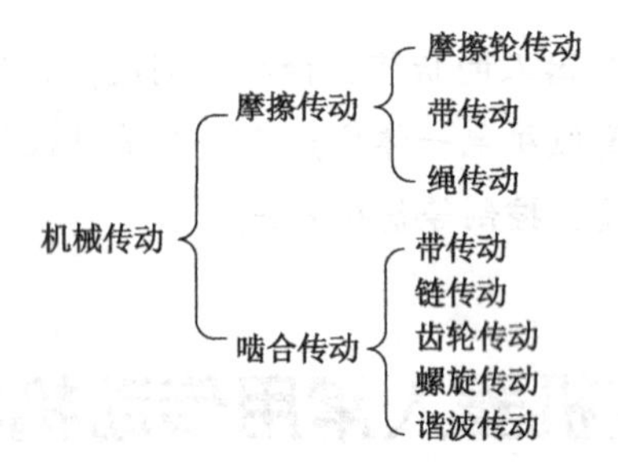

图 1-2 机械传动的分类

下面将对工业机器人中常见的机械传动装置进行详细介绍。

（一）带传动

带传动是利用张紧在带轮上的柔性带进行动力或者运动传递的一种传动机构，根据其传动原理的不同，可以分为靠传动带与带轮之间的摩擦力进行传动的摩擦带传动以及靠传动带与带轮上的齿相互啮合的同步带传动。带传动原理如图 1-3 所示。

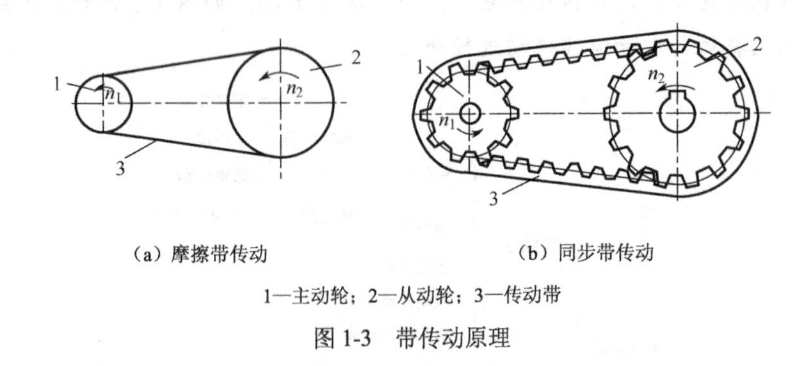

（a）摩擦带传动　（b）同步带传动

1—主动轮；2—从动轮；3—传动带

图 1-3 带传动原理

靠摩擦传动的传动带的常见种类有平带、圆带、三角带和多槽带。

1. 平带传动

在平带传动过程中，将平带套在平滑的带轮上，借助传动带与带轮之间的摩擦力进行传动。常见的传动形式有开口式传动、交叉式传动以及半交叉式传动，如图 1-4 所示。

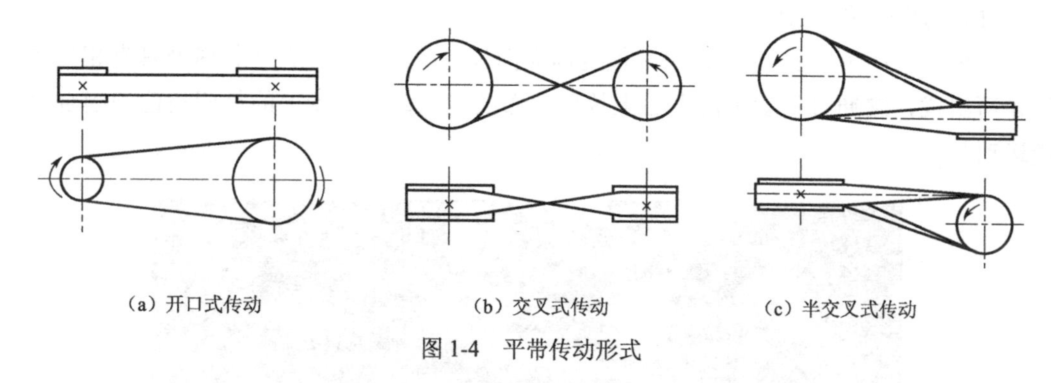

图 1-4　平带传动形式

平带有胶带、编织带、强力棉纶带和高速环形带等。胶带是平带中用得最多的一种，强度较高，传递功率范围广；编织带挠性好，但易松弛；强力棉纶带强度高，且不易松弛。平带的截面尺寸都有标准规格，可选取任意长度，并通过胶合、缝合或金属接头连接成环形。

平带传动结构简单，但容易打滑，因此通常用于传动平稳、传动功率较小且传动比较小的场合。

2. V 带传动

在使用 V 带进行传动时，通常将带放在带轮上相应的型槽内，通过 V 带与型槽两壁面间的摩擦力实现传动。V 带通常是数根并用，并匹配有相应数目的型槽。V 带截面示意图如图 1-5 所示。

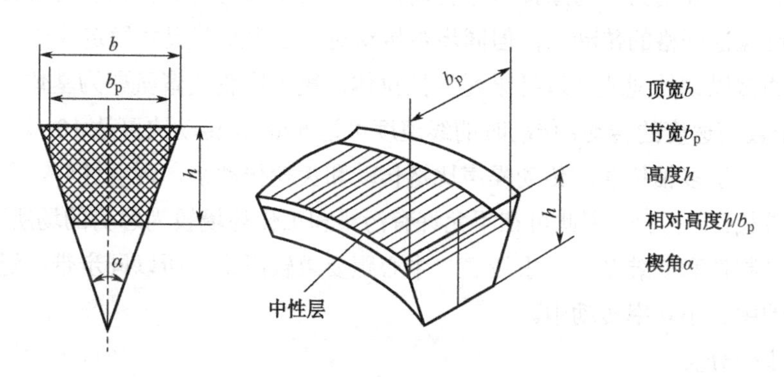

图 1-5　V 带截面示意

常见的 V 带类型有普通 V 带、窄 V 带、宽 V 带、双面 V 带和多楔带等。普通 V 带当量摩擦系数大，工作面与轮槽附着性好，可承载传动比大、预紧力小的传动；窄 V 带除具有普通 V 带所具有特性外，还可承受较大的预紧力，运行速度的曲挠次数高，承载传动功率大；宽 V 带曲挠性优良，且耐热性和耐侧压性能较好；双面 V 带可以两面同时工作，从而带动多个从动轮，但其带体较厚，曲挠性差，寿命和效率较低。

3. 同步带

（1）同步带传动工作原理

同步带传动（见图 1-6）是由一根内周表面设有等间距齿形的环行带及具有相应吻合的轮所组成，它通过传动带内表面上等距分布的横向齿与带轮上的相应齿槽的啮合来传递运动。

图 1-6 同步带传动

同步带传动综合了带传动、链传动和齿轮传动的优点。在传动过程中，通过带齿与轮的齿槽相啮合来传递动力。与摩擦型带传动比较，同步带传动的带轮和传动带之间没有相对滑动，能够保证严格的传动比；但同步带传动对中心距及其尺寸稳定性要求较高。

同步带通常以钢丝绳或玻璃纤维绳为抗拉体，氯丁橡胶或聚氨酯为基体，这种带薄且轻，故可用于较高速度的传动；传动时的线速度可达 50m/s，传动比可达 10，效率可达 98%；结构紧凑，适宜于多轴传动，传动噪声比链传动和齿轮传动小，耐磨性好，不需油润滑，寿命比摩擦带长，无污染，因此可在不允许有污染和工作环境较为恶劣的场所下正常工作。其主要缺点是制造和安装精度要求较高，中心距要求较严格，所以同步带广泛应用于要求传动比准确的中、小功率传动中。

（2）同步带分类

常见的同步带有梯形齿同步带和圆弧齿同步带两种，如图 1-7 所示。圆弧齿又有三种系列：圆弧齿（H 系列，又称 HTD 带）、平顶圆弧齿（S 系列，又称为 STPD 带）和凹顶抛物线齿（R 系列）。

梯形齿同步带分单面有齿和双面有齿两种，简称为单面带和双面带。双面带又按齿的排列方式分为对称齿型（代号 DA）和交错齿型（代号 DB），如图 1-8 所示。梯形齿同步带有两种尺寸制：节距制和模数制。我国采用节距制，并根据 ISO5296 制定了同步带传动相应标准 GB/T11361～11362—1989 和 GB/T11616—1989。梯形齿同步带齿形为梯形，在传动过程中齿顶与带轮槽不是直接接触的，带齿构成直边，进而形成多边形效应，其多边形的边长直接影响了梯形齿同步带的传动精度，但总体来看，梯形齿同步带可以满足较高转速的传动，而且传动效率高、传动比恒定、运转平稳。

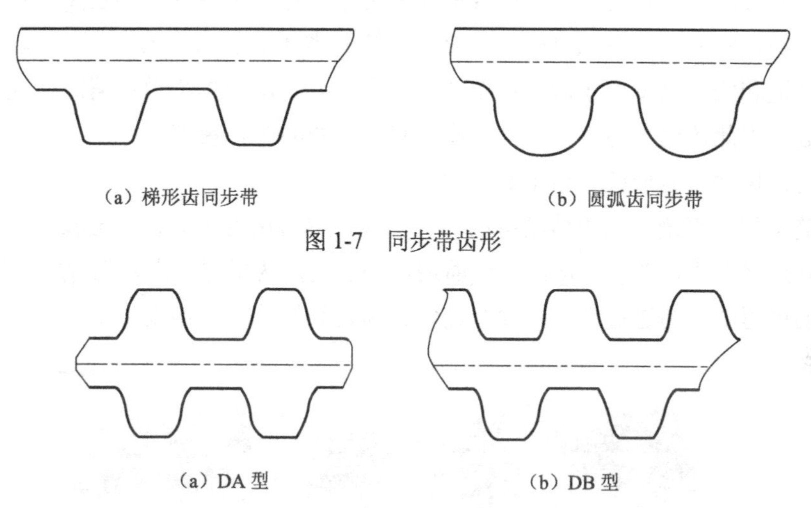

（a）梯形齿同步带　（b）圆弧齿同步带

图 1-7　同步带齿形

（a）DA 型　（b）DB 型

图 1-8　双面带

圆弧齿同步带除了齿形为曲线形外，其结构与梯形齿同步带基本相同，带的节距相当，其齿高、齿根厚和齿根圆半径等均比梯形齿大。带齿受载后，应力分布状态较好，平缓了齿根的应力集中，提高了齿的承载能力。故圆弧齿同步带比梯形齿同步带传递功率大，且能防止啮合过程中齿的干涉。圆弧齿同步带耐磨性能好，工作时噪声小，不需润滑，可用于有粉尘的恶劣环境。

同步带传动广泛地应用于食品、汽车、纺织、机器人等行业，HB03-760-C10 型 3kg 机器人的大臂和小臂都用了同步带传动，如图 1-9 所示。

图 1-9　同步带传动应用于机器人的大臂和小臂

（二）链传动

链传动是由两个具有特殊齿形的齿轮和一条闭合的链条所组成，工作时主动链轮的齿与链条的链节相啮合带动与链条相啮合的从动链轮传动。

优良的传动特点，使链传动应用在多种场合：与带传动相比，链传动没有弹性滑动和打滑，能保持准确的平均传动比；需要的张紧力小，作用于轴的压力也小，可减少轴承的摩擦损失；结构紧凑；能在温度较高、有油污等恶劣环境条件下工作；与齿轮传动相比，链传动的制造和安装精度要求较低；中心距较大时其传动结构简单；瞬时链速和瞬时传动比不是常数，因此传动平稳性较差，工作中有一定的冲击和噪声。

常见的链传动有齿形链和滚子链两种。

齿形链又称无声链，属于传动链的一种形式，通常由若干组齿形链板交错排列，然后用铰链相互连接而成，链板两侧的工作面通常为直边，两直边间夹角为60°，如图1-10所示。在传动过程中，通过链板工作面和链轮轮齿之间的啮合来实现传动。

图1-10　齿形链

由于齿形链的齿形以及啮合特点，使其传动平稳、承载冲击性能好，轮齿受力均匀，工作噪声小、可靠性高、运动精度高。

滚子链由外链板1、内链板2、轴销3、滚子4以及套筒5组成，如图1-11所示。内链板与套筒间、外链板与轴销间均为过盈配合，套筒与轴销间则为间隙配合。工作时内、外链间可以相对挠曲，套筒则绕轴销自由转动。啮合时，滚子沿链轮齿廓滚动，以减小链条和链轮轮齿之间的磨损。内、外链板均为8字形，目的是维持链板各横截面的抗拉强度大致相同，并减轻链条的重量及惯性。

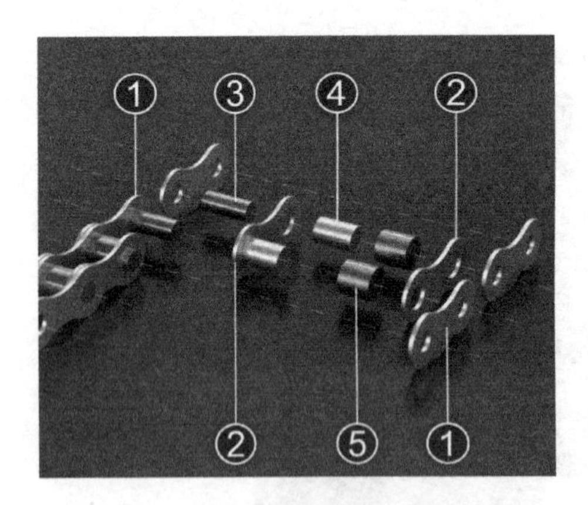

1—外链板；2—内链板；3—轴销；4—滚子；5—套筒

图1-11　滚子链

滚子链的结构具有良好的柔性，因而能够减轻冲击和振动，可以胜任重载、较大冲击以及存在正、反转的复杂条件下的链传动。

（三）齿轮传动

齿轮传动是机械传动中应用最广的一种传动形式，利用两个齿轮轮齿之间的啮合来实现运动和动力的传输。齿轮传动的传动比准确、效率高、结构紧凑、工作可靠、寿命长。目前齿轮传动的技术指标已经可以达到：圆周速度 v=300m/s，转速 n=105r/min，传递的功率 P=105kW，模数 m=0.004～100mm，直径 d=1～152.3mm。

齿轮传动应用广泛、类型众多，按照啮合齿轮间轴线的空间关系，大致可以分为齿轮轴轴线相交和齿轮轴轴线平行两种空间分布方式。常见齿轮轴轴线相交的齿轮类型主要有：

圆柱齿轮传动，一般单级传动的传动比可达到 8，最高可达 20，传递功率可达到 10×10^4kW，圆周速度可达 300m/s，单级效率为 96%～99%。常见圆柱齿轮如图 1-12 所示。直齿轮传动适用于中低速传动；斜齿轮传动平稳，适用于中高速传动；人字齿轮适用于大功率和大转矩的传动。圆柱齿轮传动的啮合形式主要有两种：外啮合齿轮传动，由两个外齿轮相啮合，两啮合齿轮的转向相反；内啮合齿轮传动，由一个内齿轮和一个半径较小的外齿轮相啮合，两个啮合齿轮的转向相同。

图 1-12　常见圆柱齿轮

齿轮齿条传动机构（参见图 1-13），可将齿轮的回转运动转变为齿条的往复直线运动，或者是将齿条的往复直线运动转变为齿轮的回转运动。齿轮齿条传动机构可以满足快速、精准定位、重载荷、高刚性、高速度的传动要求。

常见齿轮轴轴线相交的齿轮传动主要为锥齿轮传动，如图 1-14 所示。在一般情况下，锥齿轮传动单级传动比可达 6，最大到 8，传动效率一般为 0.94～0.98。直齿锥齿轮传动的传递功率可到 370kW，圆周速度可达 5m/s；斜齿锥齿轮传动运转平稳，齿轮承载能力较强；曲线齿锥齿轮传动运转平稳，传递功率可达到 3700kW，圆周速度可达到 40m/s。

图 1-13　齿轮齿条传动机构

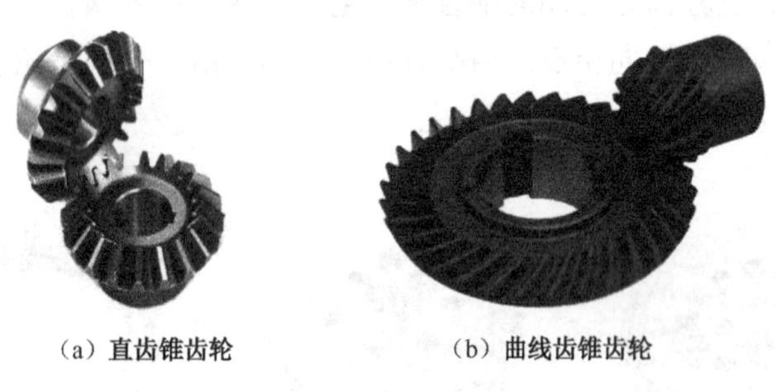

（a）直齿锥齿轮　　（b）曲线齿锥齿轮

图 1-14　锥齿轮传动

（四）螺旋传动

螺旋传动机构由螺杆和螺母构成，能将旋转运动转变为直线运动，当螺旋升角大于螺杆的摩擦角时，也可将直线运动转变为旋转运动，若螺旋升角小于螺杆的摩擦角时，则机构具有自锁功能。

螺旋传动按螺杆和螺母之间的摩擦状态，可以分为滑动螺旋传动、滚动螺旋传动、滚滑螺旋传动以及液压螺旋传动四种。中学课本中介绍的螺旋测微仪（见图 1-15）里面的传动机构就是一种典型的螺旋传动机构，车床工作台的移动所使用的丝杠螺母传动也属于螺旋传动方式。

图 1-15　螺旋测微仪

（五）蜗轮蜗杆传动

蜗轮蜗杆传动机构由蜗轮和蜗杆组成（参见图 1-16），用来传递空间交错轴间的运动和动力，通常两轴空间垂直交错成 90°。一般情况下，在蜗轮蜗杆传动中，蜗杆为主动件，蜗轮为从动件。蜗轮蜗杆传动的单级传动就可以获得很大的传动比，而且结构紧凑、传动平稳、无噪声，但传动效率较低。

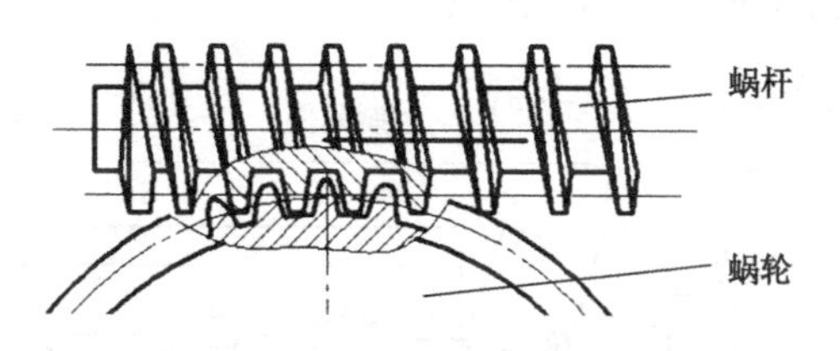

图 1-16　蜗轮蜗杆传动

蜗轮蜗杆传动机构根据蜗杆的形状不同，可以分为圆柱蜗杆传动和圆弧面蜗杆传动两类，圆柱蜗杆传动的应用较为广泛。圆柱蜗杆传动按蜗杆齿形又可以分为阿基米德蜗杆传动和渐开线蜗杆传动，其中阿基米德蜗杆传动应用最为广泛。

蜗轮蜗杆传动与其他传动相比，具有以下特点：

① 可以得到很大的传动比，比交错轴斜齿轮机构紧凑。

② 蜗轮蜗杆啮合齿面间为线接触，其承载能力大大高于交错轴斜齿轮机构。

③ 蜗杆传动相当于螺旋传动，为多齿啮合传动，故传动平稳、噪声小。

④ 具有自锁性。当蜗杆的导程角小于啮合轮齿间的当量摩擦角时，机构具有自锁性，可实现反向自锁，即只能由蜗杆带动蜗轮，而不能由蜗轮带动蜗杆。如在其重型机械中使用的自锁蜗杆机构，其反向自锁性可起安全保护作用。

⑤ 传动效率较低，磨损较严重。蜗轮蜗杆啮合传动时，一方面，因为啮合轮齿间的相对滑动速度大，故摩擦损耗大、效率低；另一方面，相对滑动速度大使齿面磨损严重、发热严重，为了散热和减小磨损，常采用价格较为昂贵的减摩性与抗磨性较好的材料及良好的润滑装置，因而成本较高。

⑥ 蜗杆轴向力较大。

二、工业机器人气压与液压传动

机器人一般由执行机构、驱动装置、检测装置和控制系统以及复杂机械等组成。其中驱动装置是驱使执行机构运动的机构，按照控制系统发出的指令信号，借助于动力元件使机器人进行动作。它输入的是电信号，输出的是线、角位移量。机器人使用的驱动装置主要是电力驱动装置，如步进电机、伺服电机等，此外也有采用液压、气动等驱动装置。

（一）气压传动

气压传动是以压缩气体为工作介质，靠气体的压力传递动力或信息的传动。传递动力的系统是将压缩气体经由管道和控制阀输送给气动执行元件，把压缩气体的压力能转换为机械能而做功；传递信息的系统是利用气动逻辑元件或射流元件以实现逻辑运算等功能，也称气动控制系统。

1. 气压传动系统的组成

典型的气压传动系统的组成示意图如图1-17所示。气压传动系统一般由气压发生装置、控制元件、执行元件、辅助元件四部分组成。

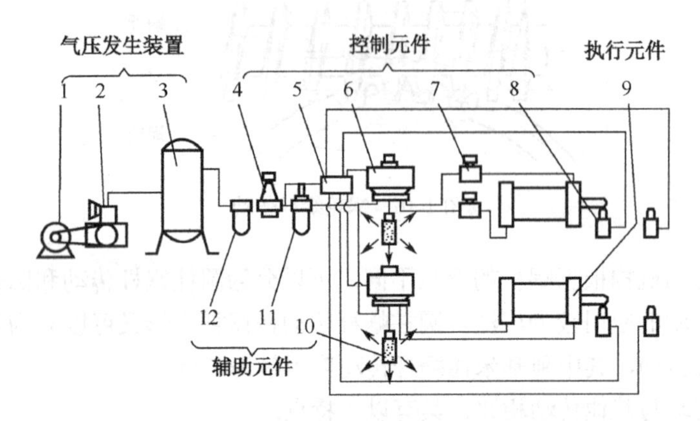

1—电动机；2—空气压缩机；3—储气罐；4—压力控制阀；5—逻辑单元；6—方向控制阀；7—流量控制阀；8—机控阀；9—汽缸；10—消声器；11—油雾器；12—空气过滤器

图1-17 气动传动系统的组成示意图

（1）气压发生装置

气压发生装置将原动机输出的机械能转变为空气的压力能，其主要设备是空气压缩机。空气压缩机是一种用以压缩气体的设备，是将原动（通常是电动机）的机械能转换成气体压力能的装置。空气压缩机与水泵构造类似，大多数空气压缩机是往复活塞式。图1-18所示为活塞式空气压缩机工作原理图，图1-19所示为空气压缩机实物图。

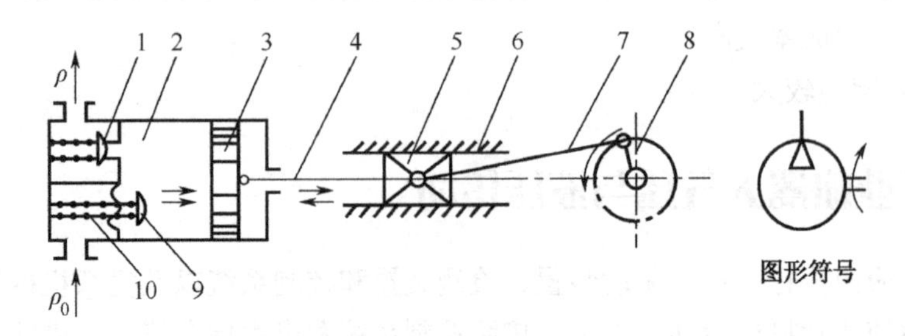

1—排气阀；2—汽缸；3—活塞；4—活塞杆；5，6—滑块与滑道；7—连杆；8—曲柄；9—吸气阀；10—弹簧

图1-18 活塞式空气压缩机工作原理图

（2）控制元件

控制元件是用来控制压缩空气的压力、流量和流动方向，以保证执行元件具有一定的输出力和速度并按设计的程序正常工作。如压力控制阀、流量阀、方向阀逻辑元件和行程

阀等。图 1-20 所示为空气压力阀实物图，图 1-21 所示为流量阀实物图，图 1-22 所示为方向阀原理图。

图 1-19　空气压缩机实物图

图 1-20　空气压力阀实物图

图 1-21　流量阀实物图

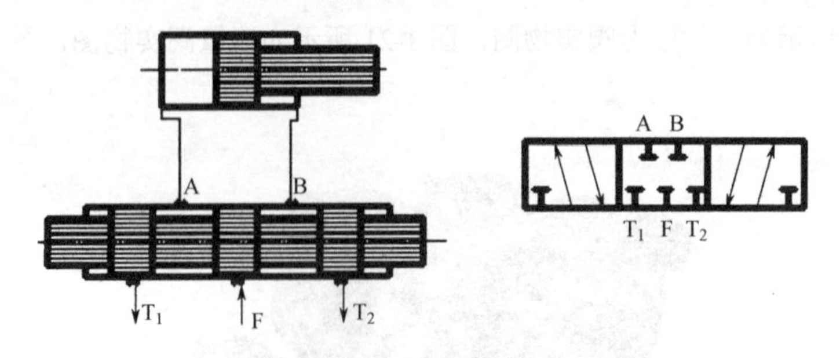

图 1-22 方向阀原理图

（3）执行元件

执行元件是将空气的压力能转变成机械能的能量转换装置。常见的执行元件有汽缸和气马达。图 1-23 所示为一普通双作用汽缸的结构示意图。根据工作所需力的大小来确定汽缸活塞杆上的推力和拉力，由此选择汽缸时应使汽缸的输出力稍有余量。若缸径选小了，输出力不够，汽缸不能正常工作；但缸径过大，不仅使设备笨重、成本高，同时耗气量增大，造成能源浪费。在夹具设计时，应尽量采用增力机构，以减少汽缸的尺寸。

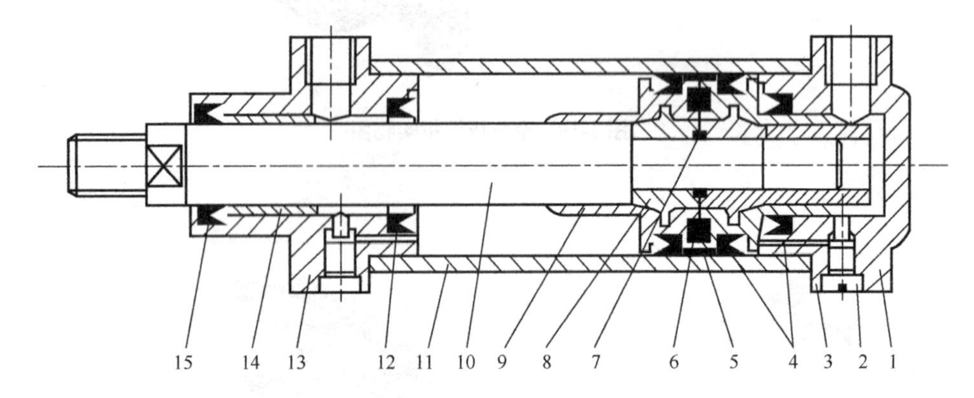

1—后盖缸；2—活塞；3、7—密封圈；4—活塞密封圈；5—导向环；6—磁性环；
8—活塞；9—缓冲柱塞；10—活塞杆；11—缸筒；12—缓冲密封圈；
13—前缸盖；14—导向管；15—防尘密封圈

图 1-23 普通双作用汽缸的结构示意图

（4）辅助元件

辅助元件是用于空气净化、润滑、消声及元件间连接的元件。辅助元件通常包括过滤器、干燥器、空气过滤器、消声器和油雾器等。

2. 气压传动的优缺点

（1）气压传动的优点

① 使用方便。空气作为工作介质，来源方便，用过以后直接排入大气，不会污染环境，可少设置或不必设置回气管道。

② 系统组装方便。使用快速接头可以非常简单地进行配管，因此系统的组装、维修以及元件的更换比较简单。

③ 快速性好。动作迅速、反应快，可在较短的时间内达到所需的压力和速度。在一定的超载情况下运行也能保证系统安全工作，并且不易发生过热现象。

④ 安全可靠。压缩空气不会爆炸或着火，在易燃、易爆场所使用不需要昂贵的防爆设施，可安全可靠地应用于易燃、易爆、多尘埃、辐射、强磁、振动、冲击等恶劣的环境中。

⑤ 储存方便。气压具有较高的自保持能力，压缩空气可储存在贮气罐内，随时取用。即使压缩机停止运行，气阀关闭，气动机构仍可维持一个稳定的压力，故不需压缩机的连续运转。

⑥ 可远距离传输。由于空气的黏度小、流动阻力小，管道中空气流动的沿程压力损失小，有利于介质集中供应和远距离输送。不论距离远近，空气极易由管道输送。

⑦ 能过载保护。气动机构与工作部件可以在超载时停止不动，因此无过载的危险。

⑧ 清洁。基本无污染，对于要求高净化、无污染的场合，如食品、印刷、木材和纺织工业等是极为重要的，气动机构具有独特的适应能力，优于液压、电子、电气控制。

（2）气压传动的缺点

① 速度稳定性差。由于空气可压缩性大，汽缸的运动速度易随负载的变化而变化，稳定性较差，给位置控制和速度控制精度带来较大影响。

② 需要净化和润滑。压缩空气必须经过良好的处理，去除含有的灰尘和水分。空气本身没有润滑性，系统中必须采取措施对元件进行给油润滑，如增加油雾器等装置进行供油润滑。

③ 输出力小。经济工作压力低（一般低于 0.8MPa），因而气动系统输出力小，在相同输出力的情况下，气动装置比液压装置尺寸大，输出力限制在 20～30kN 之间。

④ 噪声大。排放空气的声音很大，现在这个问题已因吸音材料和消音器的发展大部分获得解决。工作时需要加装消音器。

3．气压传动的用途

由于空气的可压缩性大、黏度小，流动过程阻力小、速度快、反应灵敏，因而气压传动系统能用于较远距离的能量输送。主要运用在机械、汽车、机器人、冶金、石油及铁路交通等行业。而新型气动元件和系统的出现，配合电子控制使得气动技术在更多的领域得到了应用，包括灌装机械、食品饮料机械、造纸机械、印刷机械等行业是气动技术广泛应用的市场。气压传动装置在装配机器人、喷涂机器人、搬运机器人以及爬墙机器人、焊接机器人中的应用也很常见，气压传动系统在机械手爪中的应用尤为广泛。

就气压传动在机械手中的应用，举例简要说明其工作原理，图 1-24 所示为气动机械手的工作原理示意图。

该系统有四个汽缸，可在三个坐标空间内工作。其中 A 缸为抓取机构的松紧缸，其活塞杆伸出时松开工件，活塞杆缩回时夹紧工件；B 缸为长臂伸缩缸，可以实现伸出和缩回动作；C 缸为机械手升降缸；D 缸为立柱回转缸，该汽缸为齿轮齿条缸，它可把活塞的直线往复运动转变为立柱的旋转运动，实现立柱的回转。

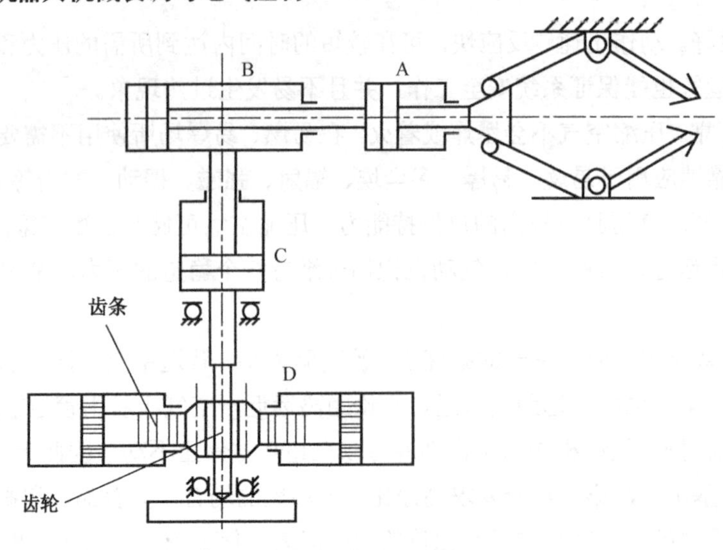

图 1-24 气动机械手的工作原理示意图

（二）液压传动

液压传动是以液体为工作介质，利用液体压力来传递动力和进行控制的一种传动方式。液压传动的基本原理：液压系统利用液压泵将原动机的机械能转换为液体的压力能，通过液体压力能的变化来传递能量，经过各种控制阀和管路的传递，借助于液压执行元件（液压缸或马达）把液体压力能转换为机械能，从而驱动工作机构，实现直线往复运动和回转运动。其中的液体称为工作介质，一般为矿物油，液压油在压缩过程中体积基本不变，它的作用和机械传动中的皮带、链条和齿轮等传动元件相类似。

以液压千斤顶为例来说明液压传动的工作原理。如图 1-25 为液压千斤顶的结构简图与工作原理图。

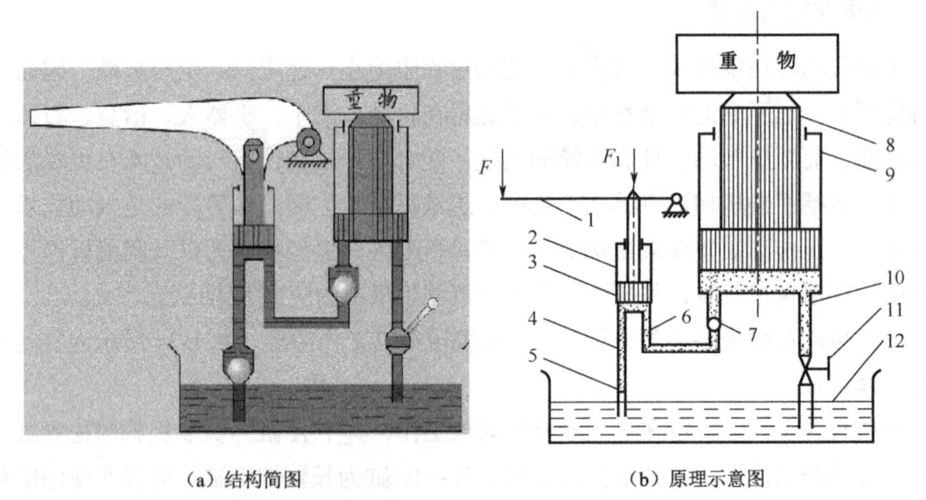

（a）结构简图　　（b）原理示意图

1—杠杆手柄；2—小油缸；3—小活塞；4，7—单向阀；5—吸油管；6，10—管道；

8—大活塞；9—大油缸；11—截止阀；12—油箱

图 1-25 液压千斤顶的结构简图与工作原理

大油缸 9 和大活塞 8 组成举升液压缸。杠杆手柄 1、小油缸 2、小活塞 3、单向阀 4 和 7 组成手动液压泵。如提起手柄使小活塞向上移动，小活塞下端油腔容积增大，形成局部真空，这时单向阀 4 打开，通过吸油管 5 从油箱 12 中吸油；用力压下手柄，小活塞下移，小活塞下腔压力升高，单向阀 4 关闭，单向阀 7 打开，下腔的油液经管道 6 输入举升油缸（大油缸）9 的下腔，迫使大活塞 8 向上移动，顶起重物。再次提起手柄吸油时，单向阀 7 自动关闭，使油液不能倒流，从而保证了重物不会自行下落。不断地往复扳动手柄，就能不断地把油液压入举升缸下腔，使重物逐渐地升起。如果打开截止阀 11，举升缸下腔的油液通过管道 10、截止阀 11 流回油箱，重物就向下移动。这就是液压千斤顶的工作原理。

1. 液压传动系统的组成

液压传动系统主要由动力装置（液压泵）、执行元件（液压缸或液压马达）、控制元件、辅助元件和工作介质五部分组成。

① 动力装置。动力装置是指液压泵，其功能是将原动机输出的机械能转换成液体的压力能，为系统提供动力。如齿轮泵、叶片泵、柱塞泵。图 1-26 和图 1-27 分别为齿轮泵结构仿真图和柱塞泵实物图。

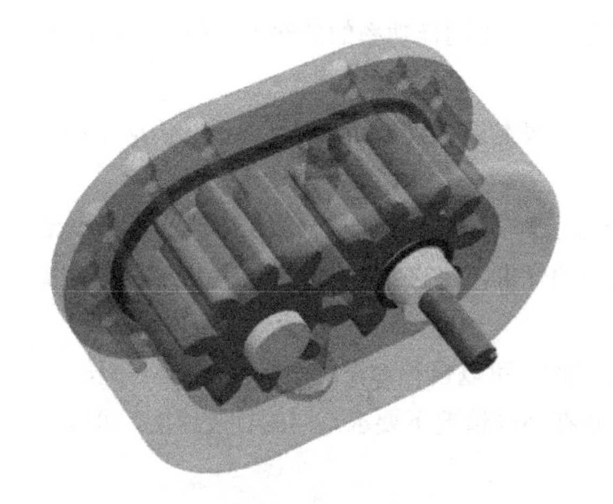

图 1-26 齿轮泵结构仿真图

图 1-27 柱塞泵实物图

② 执行元件（液压缸、液压马达）。它是将液体的压力能转换成机械能。其中，液压缸做直线运动，液压马达做旋转运动。图 1-28 和图 1-29 所示分别为液压缸结构图和液压马达实物图。

③ 控制元件。控制元件包括压力阀、流量阀和方向阀等。它们的作用是根据需要无级调节液压马达的速度，并对液压系统中工作液体的压力、流量和流向进行调节控制。

④ 辅助元件。除上述三部分以外的其他元件，包括压力表、滤油器、蓄能装置、冷却器、管件及油箱等，它们同样十分重要。

⑤ 工作介质。工作介质是指各类液压传动系统中的液压油或乳化液，它经过液压泵和液压马达实现能量转换。

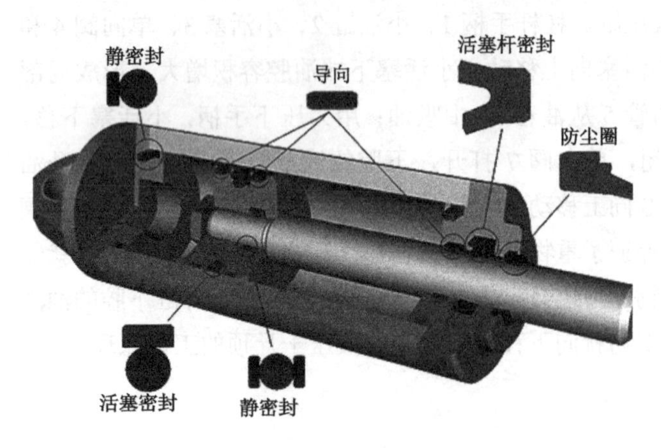

图 1-28　液压缸结构图

图 1-29　液压马达实物图

2．液压传动的优缺点

（1）液压传动的主要优点

液压传动所以能得到广泛应用，这是由于它具有以下主要优点：

① 液压传动与机械、电力等传动方式相比，在输出同样功率的条件下体积小、重量轻、结构紧凑。

② 传递运动平衡。由于工作液体弹性大，油液本身有吸振能力，不像机械传动因加工和装配误差会引起过大的振动和撞击。

③ 易于获得很大的力或力矩。例如一个内径为 30cm 的油缸，油液压力为 20MPa，活塞上便可产生 1.4MN 推力。液压传动这个突出的优点，使它广泛应用于工程机械，成为实现省力的最有效的手段。

④ 液压传动系统的运动零件均在油液内工作，可以自行润滑，故零件工作寿命长。

⑤ 能在很大范围内实现无级调速。如车辆在不同情况下要求不同的行驶速度，可以通过调节液体的流量达到改变速度的要求。

⑥ 与机械传动相比易于布局和操纵。

⑦ 液压元件易于实现系列化、标准化、通用化，便于设计、制造和推广。

（2）液压传动的主要缺点

① 液压传动采用液体为介质，在相对运动表面有间隙存在，就不可避免地有泄漏，影响了工作效率。为了防止漏油，配合件的制造精度要求较高。

② 由于油的黏度随温度而变化，因此油温变化时会影响传动机构的工作性能。同时，在低温或高温条件下采用液压传动有较大的困难。

③ 空气渗入液压系统后容易引起系统的工作不良，如发生振动、爬动、噪声等。

④ 液压系统发生故障后不易检查和排除，这给使用和维修带来不便。

⑤ 为了防止漏油，以及为了满足某些性能上的要求，液压元件制造精度要求较高。

总得来说，液压传动的优点是主要的，就其缺点而言，随着生产和科学技术的发展，正在逐步加以解决，因此液压传动在现代化的生产中有着广阔的发展前景。

3．液压传动的用途

液压传动有许多突出的优点，因此它的应用非常广泛，如一般工业用的塑料加工机械、压力机械、机床、机器人等；行走机械中的工程机械、建筑机械、农业机械、汽车等；钢铁工业用的冶金机械、提升装置、轧辊调整装置等；土木水利工程用的防洪闸门及堤坝装置、河床升降装置、桥梁操纵机构等；发电厂涡轮机调速装置等；特殊技术用的巨型天线控制装置、测量浮标、升降旋转舞台等。图 1-30 所示的 BigDog 机器人和图 1-31 所示的建筑工程车中都应用了液压传动系统。

图 1-30　BigDog 机器人

图 1-31　建筑工程车

任务二　工业机器人用减速器

◎ 任务目标

1．认识机器人常用的减速器；

2．了解谐波减速器的结构和原理；

3．了解 RV 减速器的结构和原理。

◎ 任务描述

减速器是一种动力传递机构，利用齿轮的速度转换器，将电机（马达）的回转数减速到所要的回转数，并得到较大转矩的机构。在目前用于传递动力与运动的机构中，减速器的应用范围相当广泛，几乎在各式机械的传动系统中都可以见到它的踪迹，从交通工具的船舶、汽车、机车，建筑用的重型机具，机械工业所用的加工机具及自动化生产设备，到日常生活中常见的家电、钟表等。

减速器的作用主要有：

① 降速的同时提高输出扭矩，但要注意不能超出减速器额定扭矩；

② 减速的同时降低了负载的惯量。

减速器的种类繁多、型号各异，不同种类有不同的用途。减速器按照传动类型可分为齿轮减速器、蜗轮蜗杆减速器、行星减速器、谐波减速器和 RV 减速器等，如图 1-32 所示。本节将重点介绍机器人用减速器的结构原理、性能特点和应用。

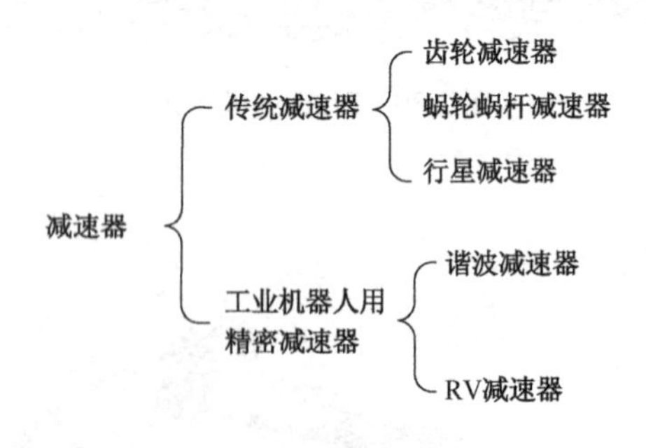

图 1-32　减速器分类

一、传统减速器

（一）齿轮减速器

齿轮减速器又叫变速箱（见图 1-33），可将电动机的转速转换为所需要的转速，并能改变转矩。齿轮减速器一般用于低转速大扭矩的传动设备，大小齿轮的齿数之比就是传动比。

图 1-33 齿轮减速器

1．齿轮减速器的结构原理

减速器主要由齿轮、轴、轴承、箱体及其附件所组成，其基本结构有如下三大部分。

（1）齿轮、轴及轴承组合

当齿轮节圆直径较小时，轴和齿轮会制作成一体，称齿轮轴。齿轮、轴及轴承一起构成了齿轮减速器的运动部件。

（2）箱体

箱体是减速器的重要组成部件。它是传动零件的基座，应具有足够的强度和刚度。

（3）减速器附件

检查孔：检查传动零件的啮合情况，并向箱体内注入润滑油，应在箱体的适当位置设置检查孔。

通气器：减速器工作时，箱体内温度升高，气体膨胀，压力增大，为使箱体内热胀空气能自由排出，以保持箱体内外压力平衡，不致使润滑油沿分箱体面或轴伸密封件等缝隙渗漏，通常在箱体顶部装设通气器。

轴承盖：固定轴系部件的轴向位置并承受轴向载荷，轴承座孔两端用轴承盖封闭。

定位销：为保证每次拆装箱盖时仍保持轴承座孔制造加工时的精度，应在精加工轴承孔前，在箱盖与箱座的连接凸缘上配装定位销。

油面指示器：检查减速器内油池油面的高度，经常保持油池内有适量的油，一般在箱体便于观察、油面较稳定的部位装设油面指示器。

放油螺塞：换油时，排放污油和清洗剂，应在箱座底部、油池的最低位置处开设放油孔，平时用螺塞将放油孔堵住，放油螺塞和箱体接合面间应加防漏用的垫圈。

启箱螺钉：为加强密封效果，通常在装配时于箱体剖分面上涂以水玻璃或密封胶，因而在拆卸时往往因胶结紧密难于开盖。

变速箱按照齿轮形状分类可分为齿轮齿轮箱、蜗杆齿轮箱、行星齿轮箱；按变速次数分为单级圆柱齿轮减速箱、展开式双级圆柱齿轮减速箱、单级圆锥齿轮减速箱、分流式圆柱减速箱、同轴式双级圆柱齿轮减速箱、两级圆锥圆柱齿轮减速箱等，还有三级、四级等更多级数的减速箱。

在传动时所有齿轮的回转轴线固定不变的齿轮系称为定轴齿轮系。定轴齿轮系是最基本的齿轮系，应用很广。定轴齿轮系各轴系中的主动轮和从动轮都固定在各自的轴上，每级的主动轮转动时通过减速箱中轮齿的啮合带动从动轮转动，每级传动会改变一次运动方向，并且因主、从动轮的齿数不同会改变传动力矩的大小。单级平行变速箱、展开式二级平行变速箱、展开式三级平行变速箱示意图如图 1-34 所示。

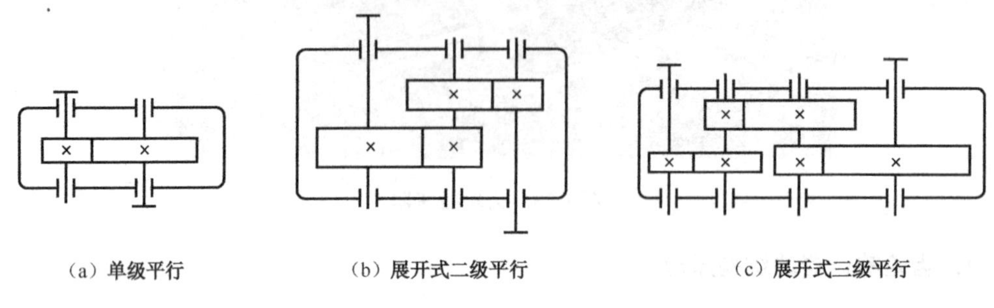

（a）单级平行　（b）展开式二级平行　（c）展开式三级平行

图 1-34　变速箱示意图

一对齿轮的定轴齿轮系传动比：

传动比大小　$i_{12}=\pm\frac{\omega_1}{\omega_2}=\pm\frac{Z_2}{Z_1}$

转向：外啮合转向相反，取"−"号；内啮合转向相同，取"+"号，如图 1-35 所示。

$$i_{1k}=(-1)^m n_1/n_k=\text{各对齿轮传动比的连乘积}$$

式中，i_{1k} 为所有从动轮齿数的连乘积/所有主动轮齿数的连乘积；1 表示首轮；K 表示末轮；m 表示轮系中外啮合齿轮的对数。当 m 为奇数时传动比为负，表示首末轮转向相反；当 m 为偶数时传动比为正，表示首末轮转向相同。

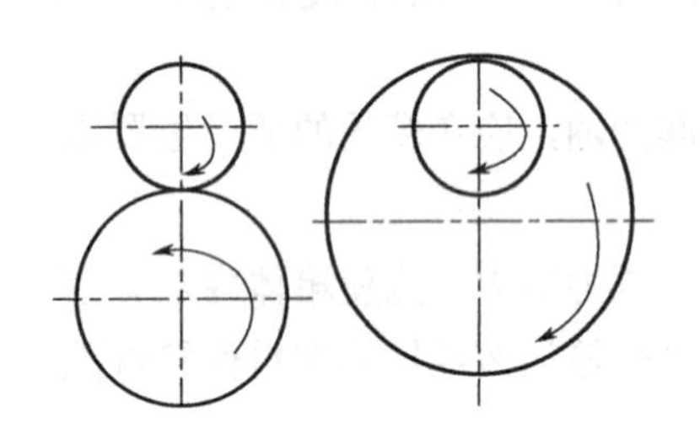

图 1-35　定轴齿轮系转动方向

2．齿轮减速器的特点

① 可靠耐用，承受过载能力强；

② 能耗低，性能优越，减速器效率高达 95%以上；

③ 振动小，噪声小，节能效率高；

④ 选用优质锻钢材料，采用刚性铸铁箱体，齿轮表面经过高频热处理；

⑤ 经过精密加工，确保轴平行度和定位轴承要求，形成斜齿轮传动总成的减速器配置了多种电机，组合成机电一体化设备，完全保证了产品使用特性；

⑥ 单级传动比小，传动级数增加时，误差会变大。

3．齿轮减速器的应用

圆柱齿轮减速器根据齿轮组数又分为一级、二级和多级，这种减速器应用广泛，几乎在各个领域都有使用，大到航空航天，小到玩具车都有应用。如 1-36 所示为二级圆柱齿轮减速器，图 1-37 所示为圆柱齿轮减速器应用于扫地机器人。圆锥齿轮减速器通过传动比来达到减速的目的，可以改变动力输出方向，图 1-38 所示为一级圆锥齿轮减速器。圆锥圆柱齿轮减速器（见图 1-39）结合了圆柱齿轮减速器和圆锥齿轮减速器的优点，既可以改变传动比，又可以改变动力输出方向，这种减速器同样应用广泛。

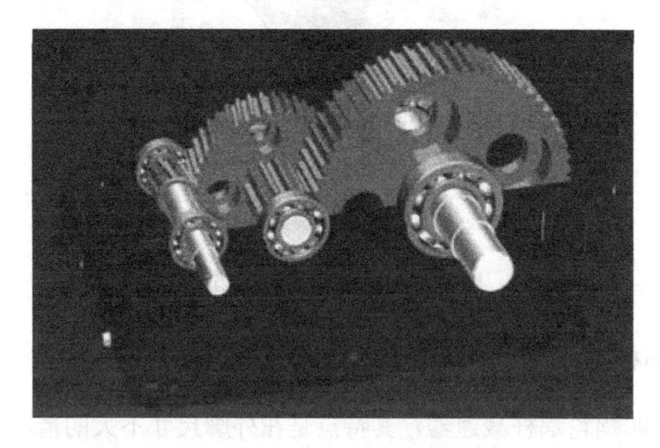

图 1-36　二级圆柱齿轮减速器

图 1-37　圆柱齿轮减速器应用于扫地机器人

图 1-38　一级圆锥齿轮减速器

图 1-39　圆柱圆锥齿轮减速器

（二）蜗轮蜗杆减速器

蜗杆减速器又叫蜗轮蜗杆减速器，其特点是在外廓尺寸不大的情况下可以获得很大的传动比，同时工作平稳、噪声较小，但缺点是传动效率较低。

1．蜗轮蜗杆减速器的结构原理

蜗轮蜗杆减速器（见图 1-40）基本结构主要由蜗轮、蜗杆、轴、轴承、箱体及其附件所构成。蜗轮蜗杆减速器可分为有三大基本结构部分：箱体、蜗轮蜗杆、轴承与轴组合。

图 1-40　蜗轮蜗杆减速器

箱体是蜗轮蜗杆减速器中所有配件的基座，是支撑和固定轴系部件、保证传动配件正确相对位置并支撑作用在减速器上荷载的重要配件。蜗轮蜗杆主要作用是传递两交错轴之间的运动和动力，轴承与轴主要作用是动力传递、运转并提高效率。

2．蜗轮蜗杆减速器的特点

① 机械结构紧凑，体积轻巧，小型高效；

② 热交换性能好，散热快；

③ 安装简易、灵活轻捷、性能优越，易于维护检修；

④ 运行平稳、噪声小，经久耐用；

⑤ 使用性强，安全可靠性大；

⑥ 蜗轮蜗杆减速器与圆锥齿轮减速器都能改变动力输出方向，但比圆锥齿轮减速器具有更大的传动比。

3．蜗轮蜗杆减速器的应用

蜗轮蜗杆减速器是一种具有结构紧凑、传动比大，以及在一定条件下具有自锁功能的传动机械，是最常用的减速器之一。蜗轮蜗杆减速器中应用最广的是单级蜗轮蜗杆减速器。

蜗轮及蜗杆机构常被用于两轴交错、传动比大、传动功率不大或间歇工作的场合。在传动系统中都可以见到蜗轮蜗杆减速器踪迹，从交通工具的船舶、汽车、机车，建筑工程用的重型机具，到机械工业所用的加工机具及自动化生产设备等。图 1-41 所示为蜗轮蜗杆减速器应用于太阳能发电设备的回转驱动副的案例。

图 1-41　蜗轮蜗杆减速器应用于太阳能发电设备的回转驱动副

（三）行星减速器

1. 行星减速器的结构原理

具有行星轮系传动结构的减速器叫行星减速器。

行星轮系的定义：自身轴线都固定的齿轮传动轮系叫定轴轮系，若有一个或一个以上的齿轮除绕自身轴线自转外，其轴线又绕另一个轴线转动的轮系称为行星齿轮系，如图 1-42 所示。

① 行星轮——轴线活动的齿轮。

② 系杆（行星架、转臂）H 。

③ 中心轮——与系杆同轴线、与行星轮相啮合、轴线固定的齿轮。

④ 主轴线——系杆和中心轮所在轴线。

⑤ 基本构件——主轴线上直接承受载荷的构件。

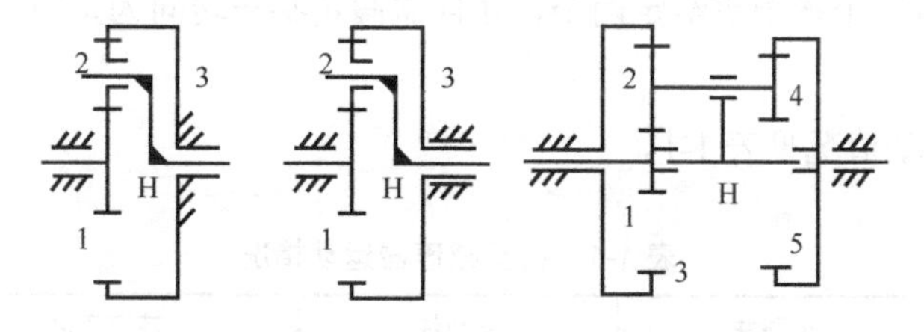

1—行星轮；2—系杆 H；3—中心轮；4—主轴线；5—基本构件

图 1-42　行星轮系

简单行星齿轮机构（见图 1-43）中，位于行星齿轮机构中心的是太阳轮（中心轮），太阳轮和行星轮常啮合，两个外齿轮啮合旋转方向相反。正如太阳位于太阳系的中心一样，太阳轮也因其位置而得名。行星轮除了可以绕行星架支撑轴旋转外，在有些工况下，还会在行星架的带动下，围绕太阳轮的中心轴线旋转，这就像地球的自转和绕着太阳的公转一样，当出现这种情况时，就称为行星齿轮机构作用的传动方式。在整个行星齿轮机构中，如行星轮的自转存在，而行星架则固定不动，这种方式类似平行轴式的传动称为定轴传动。齿圈是内齿轮，它和行星轮常啮合，是内齿轮和外齿轮啮合，两者间旋转方向相同。行星齿轮的个数取决于变速器的设计负荷，通常有三个或四个，个数越多承担负荷越大。

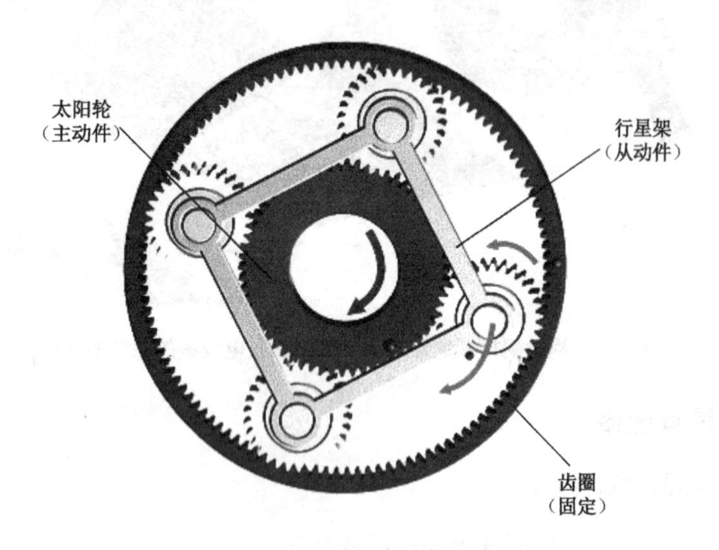

图 1-43　行星减速器结构

行星轮系传动比：

$$i_{GK}^{H}=\frac{n_{G}^{H}}{n_{K}^{H}}=\frac{n_{G}-n_{H}}{n_{K}-n_{H}}=(-)^{n}\frac{\text{从G至K所有从动轮齿数乘积}}{\text{从G至K所有主动轮齿数乘积}}$$

式中，n 为齿轮 G 至 K 之间外啮合的次数。

① 主动轮 G，从动轮 K，按顺序排列主从关系；

② 公式只用于齿轮 G、K 和行星架 H 的轴线在一条直线上的场合；

③ n_G、n_K、n_H 三个量中需给定两个，并且需假定某一转向为正向，反方向用负值代入计算。

行星减速器运动情况见表 1-1。

表 1-1　行星减速器运动情况

固定件	主动件	从动件	转速变化	转向
太阳轮	行星架	齿圈	增速	同向
太阳轮	齿圈	行星架	减速	同向
齿圈	行星架	太阳轮	增速	同向

续表

固定件	主动件	从动件	转速变化	转向
齿圈	太阳轮	行星架	减速	同向
行星架	齿圈	太阳轮	增速	反向
行星架	太阳轮	齿圈	减速	反向

2. 行星减速器的特点

① 行星减速器（其模型见图 1-44）体积小、重量轻、结构紧凑，传递功率大、承载能力强，这个特点是由行星齿轮传动的结构等内在因素决定的。

图 1-44　行星减速器模型

A. 行星减速器具有功率分流的原理。用几个完全相同的行星齿轮，均匀地分布在中心轮的周围来共同分担载荷，因而使每个齿轮所受的载荷较小，相应齿轮模数较小。在均载情况下，随着行星轮的增加，其外形尺寸随之减小。

B. 行星减速器合理地利用了内啮合。充分利用内啮合承载能力强和内齿轮（或内齿圈）的空间容积，从而缩小了径向、轴向尺寸，使其结构很紧凑而承载能力又很强。

C. 行星减速器是共轴线式的传动装置。各中心轮构成共轴线式的传动，输入轴与输出轴共轴线，使得这种传动装置长度方向的尺寸大大缩小。

② 行星减速器传动比大。只要适当地选择行星传动的类型及配齿方案，便可利用少数几个齿轮而得到很大的传动比。在不用于动力传递而主要用以传递运动的行星机构中，其传动比可达到几千。此外，行星齿轮传动由于它的三个基本构件都可以转动，故可实现运动的合成与分解，以及有级和无级变速传动等复杂的运动。利用行星齿轮减速器可获得大的传动比，但是必须注意，其传动效率会变低。

③ 行星减速器传动效率高。由于行星齿轮传动采用了对称的分流传动结构，即使得它具有数个均匀分布的行星齿轮，使作用于中心轮和转臂轴承中的反作用力相互平衡，有利于提高传动效率。在传动类型选择恰当、结构布置合理的情况下，其效率可达 0.97～0.99。

④ 行星减速器运动平稳，抗冲击和振动的能力较强。由于采用数个相同的行星轮，均匀分布于中心轮周围，从而可使行星轮与转臂的惯性力相互平衡，另外也使参与啮合的齿

数增多，故行星减速器传动运动平稳，抗冲击和振动的能力较强，工作较可靠。表 1-2 中列出了 Delaval 公司生产的传动比 i=7.15、功率 P=4400kW 的行星减速器与一般减速器的比较，从中可见行星齿轮机构的优越性。

表 1-2　行星减速器与一般减速器的比较

项目	行星齿轮减速器	普通定轴齿轮减速器	项目	行星齿轮减速器	普通定轴齿轮减速器
质量/kg	3471	6943	体积/m³	2.29	6.09
高度/m	1.31	1.8	齿宽/m	0.18	0.41
长度/m	1.29	1.42	损失功率/kW	81	95
宽度/m	1.35	2.36	圆周速度（m/s）	42.7	99.4

在具有上述特点和优越性的同时，行星减速器也存在一些缺点，例如结构形式比定轴齿轮传动要复杂一些；对制造质量要求较高；由于体积小、散热面积小导致油温升高较快，故要求行星减速器具有严格的润滑和冷却装置等。

3．行星减速器的应用

行星减速器广泛应用于切割机械、印刷机械、包装机械、数控机床、机器人、机械手、塑料机械、医疗机械、食品机械、建筑机械、工程机械、起重运输、矿山机械、木工机械、雕刻机械、焊接设备、通信设备，以及石油化工、轻工纺织、仪器仪表、冶金、汽车、船舶、铁路、航空航天等行业。

机器人设计时要求其驱动装置和传动装置质量小，并具有较大的功率质量比，为此机器人所用的传动机构要求质量小，且传动功率大。行星减速器在机器人中得到了很好的应用。

图 1-45 所示为上海毅源传动公司的行星减速器应用在风电机组的案例，风电机组的核心机械传动部分为 1 台行星齿轮增速箱、4 台偏航驱动器（由电机+行星减速器构成）及 3 台变桨驱动器。

图 1-45　行星减速器应用在风电机组的案例

图 1-46 所示为行星减速器在液压回转设备上的应用。

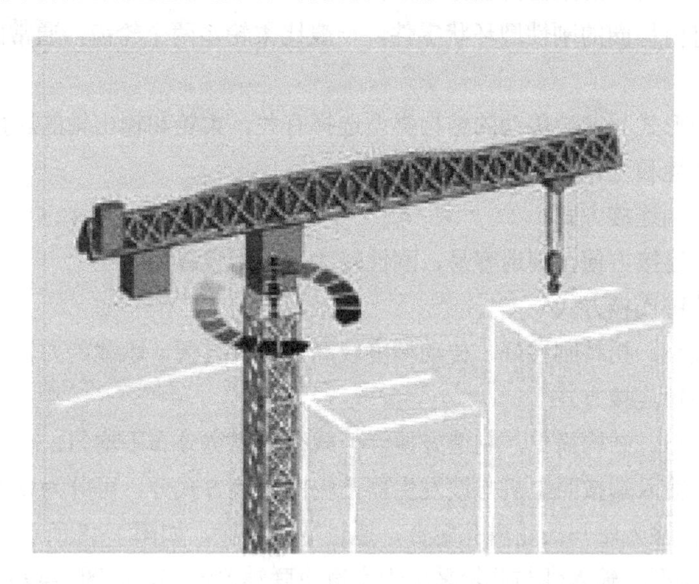

图 1-46 行星减速器在液压回转设备上的应用

二、工业机器人用精密减速器

（一）谐波减速器

谐波传动是由美国发明家 C.Walt Muusser 于 20 世纪 50 年代中期发明创造的。谐波减速器是凭借应用金属弹性力学的独创动作原理和仅有 3 个基本部件（波发生器、柔轮、钢轮）构成的精密控制用减速器。谐波传动具有其他传动所不具备的特点。

1．谐波传动装置的构成

谐波传动装置主要由三个基本零部件构成，即波发生器、柔轮和刚轮，如图 1-47 所示。

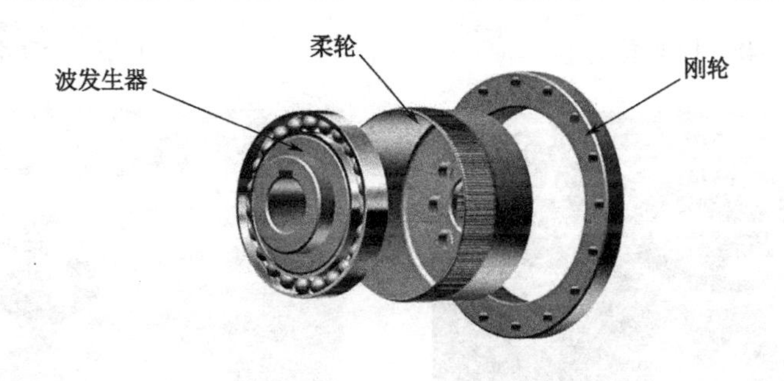

图 1-47 谐波传动装置结构模型图

波发生器：由柔性轴承与椭圆形凸轮组成。波发生器通常安装在减速器的输入端，柔性轴承内圈固定在凸轮轴上，外圈通过滚珠实现弹性变形而成椭圆形。

柔轮：带有外齿圈的柔性薄壁弹性零件，通常安装在减速器输出端。

刚轮：带有内齿圈的刚性圆环状零件，一般比柔轮多两个轮齿，通常固定在减速器机体上。

柔轮的结构形式与谐波传动的结构类型选择有关。柔轮和输出轴的连接方式直接影响谐波传动的稳定性和工作性能。

（1）筒形底端连接方式

结构简单，连接方便，制造容易，刚性较大，应用较普遍。

（2）筒形花键连接方式

轴向尺寸较小，扭转刚性好，传动精度较高，连接方便，承载能力较大。

（3）筒形销轴连接方式

轴向尺寸较小，结构简单，制造方便，但载荷沿齿宽分布不均匀。

谐波减速器输入端按照电机与波发生器凸轮的连接方式分，可分为以下四种：

① 标准型，输入轴与凸轮内孔配合，通过平键连接，如图 1-48 所示。

② 十字滑块型，输入轴与凸轮采用十字滑块联轴器连接，如图 1-49 所示。

③ 筒形中空型，输入端部件与中空凸轮通过螺钉连接，如图 1-50 所示。

④ 实轴输入型，减速器高速端自带输入轴，如图 1-51 所示。

图 1-48　标准型

图 1-49　十字滑块型

图 1-50　筒形中空型

图 1-51　实轴输入型

2. 谐波减速器的原理

谐波齿轮传动减速器简称谐波减速器（Harmonic Drive），是利用行星齿轮传动原理发展起来的一种新型减速器，是一种少齿差行星传动装置。如图1-52所示，当波发生器装入柔轮内圈时，迫使柔轮产生弹性变形而呈椭圆状，使其长轴处柔轮齿插入刚轮的轮齿槽内，处于完全啮合状态；而短轴处两齿轮完全不接触，处于脱开状态。由啮合到脱开之间则处于啮出或啮入状态，当波发生器连续转动时，迫使柔轮不断产生变形，使两轮轮齿在进行啮入、啮合、啮出、脱开的过程中不断改变各自的工作状态，产生了所谓的错齿运动，从而实现了波发生器与柔轮的运动传递。

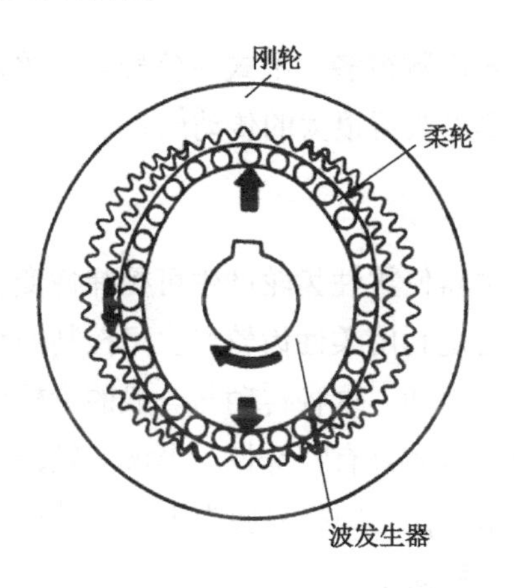

图1-52　谐波减速器的结构原理图

工作时，固定刚轮，由电机带动波发生器转动，柔轮作为从动轮，输出运动，带动负载运动。在传动过程中，波发生器转一周，柔轮上某点变形的循环次数称为波数，以 n 表示。常用的是双波和三波两种，双波传动的柔轮应力较小，结构比较简单，易于获得大的传动比，故双波传动为目前应用最广的一种。一般，双波传动的柔轮的齿数比刚轮的齿数少两个齿。随着波发生器的转动，柔轮与刚轮的齿依次啮合，从转过相同齿数的中心角来说，柔轮比刚轮大，于是柔轮相对于刚轮沿着波发生器的反方向做微小的转动。例如，齿数为100的刚轮与齿数为98的柔轮组合，每一周会产生2/100的转动差，从而得到大的减速比，如图1-53所示。

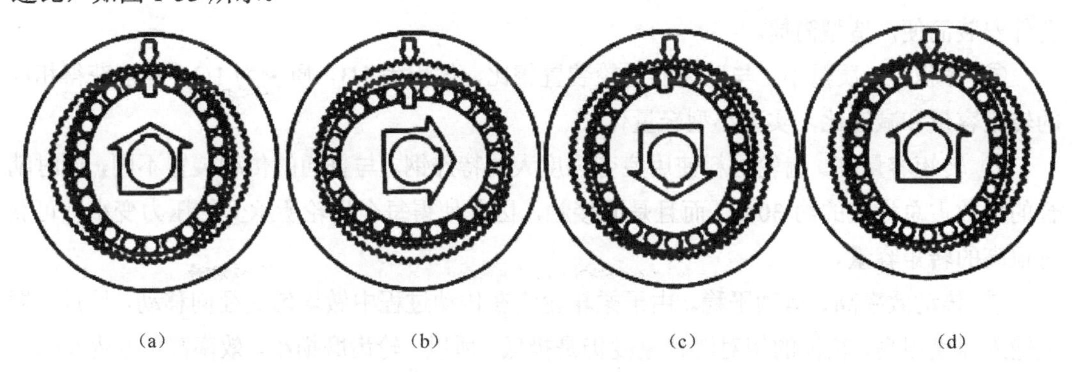

图1-53　波发生器转动一周时柔轮向相反的方向转过两个齿的角度

柔轮和刚轮的齿形有直线三角齿形和渐开线齿形两种，后者应用较多。

谐波齿轮传动的柔轮和刚轮的齿距相同，但齿数不等，通常采用刚轮与柔轮齿数差等于波数，即

$$z_2-z_1=n$$

式中，z_2、z_1——刚轮与柔轮的齿数。

当刚轮固定、波发生器主动、柔轮从动时，谐波齿轮传动的传动比为

$$i=-z_1/(z_2-z_1)$$

双波传动中，$z_2-z_1=2$，柔轮齿数很多。上式中负号表示柔轮的转向与波发生器的转向相反。由此可看出，谐波减速器可获得很大的传动比。

3. 谐波减速器的特点

谐波减速器是一种靠波发生器使柔性齿轮产生可控弹性变形，并与刚性齿轮相啮合来传递运动和动力的齿轮传动。它是利用柔性齿轮产生可控制的弹性变形波，引起刚轮与柔轮的齿间相对错齿来传递动力和运动。这种传动与一般的齿轮传递具有本质上的差别，在啮合理论、集合计算和结构设计方面具有特殊性。谐波齿轮减速器具有高精度、高承载力等优点；和普通减速器相比，由于使用的材料要少 50%，其体积及重量至少减少 1/3。

谐波减速器有诸多优点，列举如下：

① 减速比高。单级同轴时可获得 1/30～1/320 的高减速比。该装置虽然结构、构造简单，但却能实现高减速比。

② 齿隙小。谐波减速器不同于与普通的齿轮啮合，齿隙极小，该特点对于控制器领域而言是不可或缺的要素。

③ 传动精度高。谐波齿轮传动中同时啮合的齿数多，误差平均化，即多齿啮合对误差有相互补偿作用，故传动精度高。在齿轮精度等级相同的情况下，传动误差只有普通圆柱齿轮传动的 1/4 左右。同时可采用微量改变波发生器的半径来增加柔轮的变形使齿隙很小，甚至能做到无侧隙啮合，故谐波减速器传动空程小，适用于反向转动。

④ 零部件少、安装简便。三个基本零部件实现高减速比，而且它们都在同轴上，所以套件安装简便，造型简捷。

⑤ 体积小、质量小。与以往的齿轮装置相比，体积为 1/3，质量为 1/2，却能获得相同的转矩容量和减速比，实现小型轻量化。

⑥ 转矩容量高。齿轮材料使用疲劳强度大的特殊钢。与普通的传动装置不同，同时啮合的齿数占总齿数的约 30%，而且是面接触，因此使得每个齿轮所承受的压力变小，可获得很高的转矩容量。

⑦ 传动效率高、运动平稳。由于柔轮轮齿在传动过程中做均匀的径向移动，因此，即使输入速度很高，轮齿的相对滑移速度仍是极低，所以，轮齿磨损小，效率高（可达 69%～96%）。又由于啮入和啮出时，齿轮的两侧都参加工作，因而无冲击现象，运动平稳。

⑧ 噪声小。轮齿啮合周速低，传递运动时力量平衡，因此运转安静，且振动极小。

⑨ 结构紧凑，能实现同轴输出。

⑩ 减速比大（50～500）。

⑪ 同时啮合齿数多（≤30%），承载能力强。

谐波减速器由于自身上的问题，不可避免存在很多缺陷：

① 柔轮周期性地发生变形，因而产生交变应力，使之易于产生疲劳破坏。

② 转动惯量和启动力矩大，不宜用于小功率的跟踪传动。

③ 不能用于传动比小于 35 的场合。

④ 采用滚子波发生器（自由变形波）的谐波传动，其瞬时传动比不是常数。

⑤ 散热条件差。

⑥ 扭转刚度不足，限制其只能应用在小负载或者对机器人精度要求不高的场合。

4. 谐波减速器的应用

谐波齿轮减速器在航空、航天、能源、航海、造船，以及仿生机械、常用军械、机床、仪表、电子设备、交通运输、起重机械、石油化工机械、纺织机械、农业机械以及医疗器械等方面得到日益广泛的应用，特别是在高动态性能的伺服系统（如工业机器人）中，采用谐波齿轮传动更显示出其优越性。它传递的功率从几十瓦到几十千瓦，但大功率的谐波齿轮传动多用于短期工作场所。

谐波减速器因为扭转刚度的原因，主要用于工业机器人的后面三个关节。江苏汇博机器人有限公司的 3kg 可拆装机器人用了六个谐波减速器。图 1-54 所示为谐波减速器应用于工业机器人的案例。

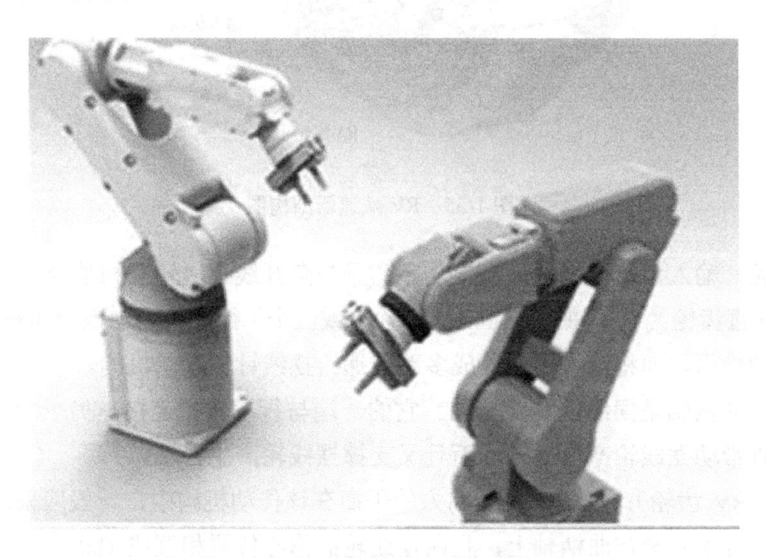

图 1-54 谐波减速器用于工业机器人

（二）RV 减速器

德国人劳伦兹·勃朗于 1926 年创造性地提出了一种少齿差行星传动机构，它是用外摆线作为齿廓曲线的，这就是最早期的针摆行星传动。由于两个啮合齿轮中的一个采用了针轮的形式，这种传动也被称为摆线针轮行星齿轮传动。

RV 减速器是在摆线针轮行星齿轮传动装置的基础上发展而来，其结构紧凑、寿命长、传动比大、传动效率高、振动小、传动精度高、保养便利，与谐波减速器相比，摆线类传动装置的承载能力高一倍以上，扭转刚度高三倍以上。RV 减速器是工业机器人的核心部件，占工业机器人成本的比重高达 30%以上。

1．基本结构

RV 减速器由输入齿轮、行星轮、曲柄轴、摆线轮（RV 齿轮）、销、外壳、支撑法兰、输出法兰以及主轴承等零件组成，如图 1-55 所示。

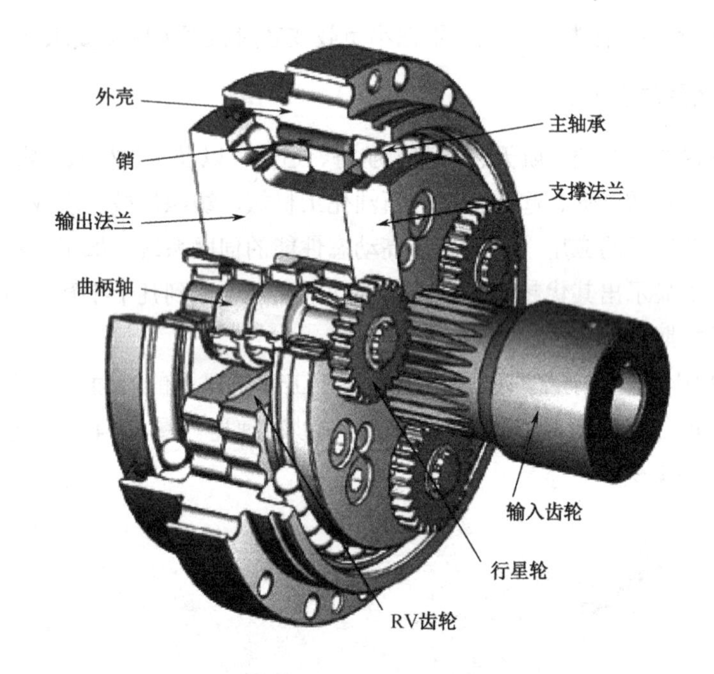

图 1-55 RV 减速器结构图

输入齿轮：输入齿轮用来传递输入功率，且与渐开线行星轮互相啮合。

行星轮（直齿轮）：它与曲柄轴固连，两个（或三个）行星轮均匀地分布在一个圆周上，起功率分流的作用，即将输入功率分成多路传递给摆线针轮行星机构。

曲柄轴：曲柄轴是摆线轮的旋转轴。它的一端与行星轮相连接，另一端与支撑法兰相连接，它可以带动摆线轮产生公转，而且又支撑摆线轮产生自转。

摆线轮（RV 齿轮）：为了实现径向力的平衡在该传动机构中，一般应采用两个完全相同的摆线轮，分别安装在曲柄轴上，且两摆线轮的偏心位置相互成 180°。

销与外壳：销与外壳固连在一起而成为针轮壳体，在针轮上安装有多个针齿销，每个针齿销就是针轮的一个齿。

支撑法兰与输出法兰：输出法兰是 RV 型传动机构与外界从动工作机相连接的构件，

输出法兰与支撑法兰相互连接成为一个整体，而输出运动或动力。在支撑法兰上均匀分布两个（或三个）曲柄轴的轴承孔，而曲柄轴的输出端借助于轴承安装在这个支撑法兰上。

主轴承：用在支撑法兰与输出法兰构成的整体和外壳之间，起支撑和减少摩擦的作用。

2. RV 减速器原理

RV 减速器是在摆线针轮行星传动装置的基础上发展而来的一种新型传动装置。RV 减速器由第一级渐开线齿轮行星传动机构与第二级摆线针轮行星传动机构两部分组成的封闭的差动轮系，如图 1-56 所示。

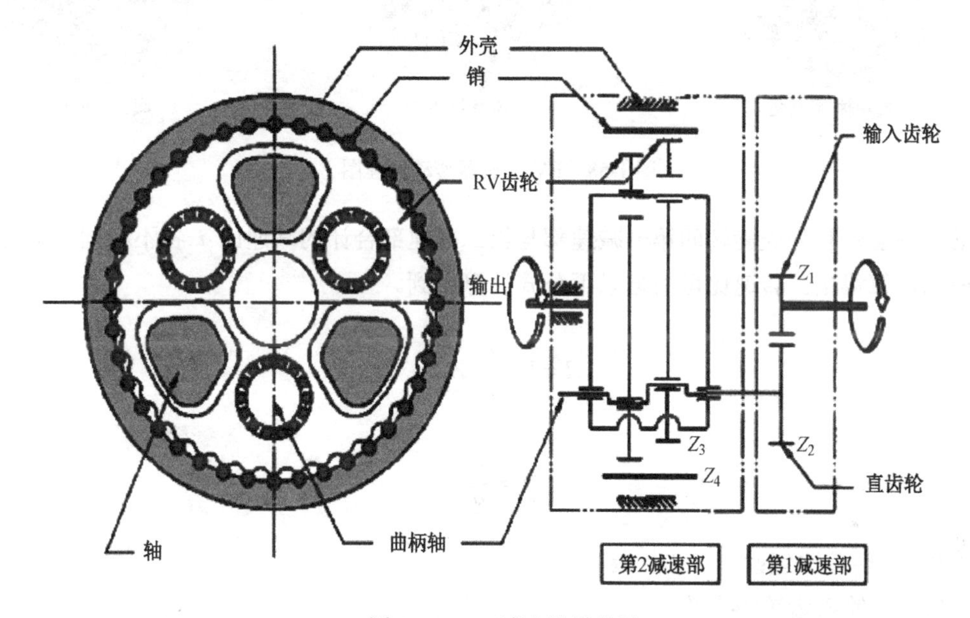

图 1-56　RV 减速器原理图

图 1-57 为 RV 减速器的结构原理细化图，主动的中心轮 1 与输入轴相连，如果渐开线中心轮顺时针方向旋转，它将带动三个呈 120° 布置的行星轮 2 在绕中心轮轴心公转的同时还有逆时针方向自转；三个曲柄轴 3 与行星轮 2 相固连而同速转动，两片相位差 180° 的摆线齿 4 铰接在三个曲柄轴上，并与固定的针齿 5 相啮合，在其轴线绕针轮轴线公转的同时，还将反方向自转，即顺时针转动。输出机构（即行星架）由安装在其上的三对曲柄轴支撑轴承来推动，把摆线轮上的自转矢量以 1:1 的速比传递出去。

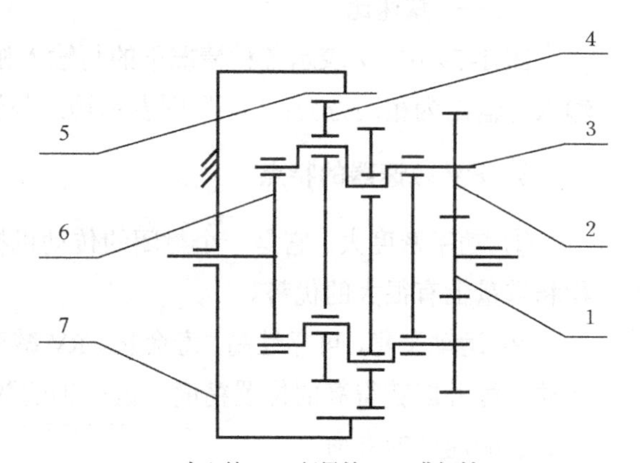

1—中心轮；2—行星轮；3—曲柄轴；
4—摆线轮；5—针齿；6—输出轴；7—针齿壳

图 1-57　RV 减速器的结构原理细化图

正齿轮与曲柄轴相连接，成为第二减速部的输入装置。在曲柄轴的偏心部分，通过滚动轴承安装 RV 齿轮。另外，在外壳内侧仅比 RV 齿轮的齿数多一个的针齿，以同等齿距排列。如果固定外壳转动正齿轮，则 RV 轮由于曲柄轴的偏心运动也进行偏心运动。此时如果曲柄轴转动一周，则 RV 齿轮就会沿与曲柄轴相反的方向转动一个齿。这个转动被输出到第二减速部的轴。RV 减速器传动原理图如图 1-58 所示。

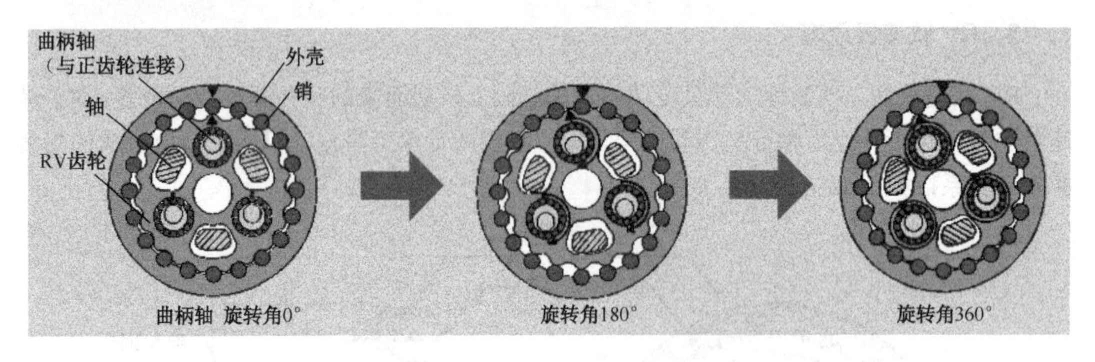

图 1-58 RV 减速器传动原理图

虽然轴旋转和外壳旋转间第一减速部与第二减速部合计的减速比 i 各不相同，但可根据转速比计算得出。转速比可根据以下公式计算得到。

$$R=1+\frac{Z_2}{Z_1}Z_3Z_4$$

$$i=\frac{1}{R}$$

式中，R——转速比值；

Z_1——输入齿轮的齿数；

Z_2——正齿轮的齿数；

Z_3——RV 齿轮的齿数；

Z_4——针齿根数；

i——减速比。

图 1-59 中，i 表示各种情况下的与输入相对应的输出减速比。减速比 i 的“＋”表示输入与输出为相同方向；“－”则表示输入与输出为相反方向。

3．RV 减速器的特点

① 功率密度大。它是一个封闭的传动机构，结构紧凑；与一般的齿轮减速器相比在体积和重量上有很大的优势。

② 运动平稳，可靠性高，寿命长。RV 减速器上有三个均匀分布的双偏心轴（曲柄轴），运动平稳并能获得高的位置精度；偏心轴的数量增加，同时滚动轴承的数量也增加，这样增加了减速器的寿命。

③ 效率高。传递效率达到 0.85～0.92，输入轴与输出轴的速比范围大，即 i=31～171。由传动比计算公式可知，在摆线轮齿数固定的情况下，只要将太阳轮同行星轮齿数进行变

化，就能获得比较多的传递效率值。

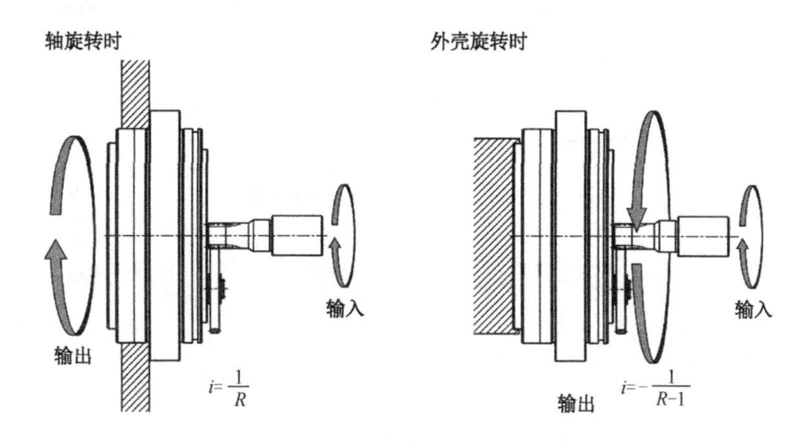

图 1-59 各种情况下的与输入相对应的输出减速比

④ 扭转刚度大，噪声小。RV 减速器的两端采用行星架和刚性盘来支撑，比普通的悬臂梁输出机构扭转刚度大，并且抗冲击能力强。

⑤ 负载能力大。RV 机构在传递动力时，摆线轮与针齿两轮同时接触啮合的数量理论上为二分之一，承受过载能力较强。

⑥ 精度高。只要设计合理，保证制造与装配精度，就可以获得高精度。

毋庸置疑，RV 减速器是目前工业机器人上应用的主流减速器类型，其次是谐波减速器。

4．RV 减速器的应用

RV 减速器因其特有的高精度、轻量化、高刚度、高可靠性等优异性能，广泛地应用于机器人、工作机器、食品、能源、木工、半导体、医疗、搬运、检测和测试等行业。图 1-60 和图 1-61 为 RV 减速器具体应用范例。

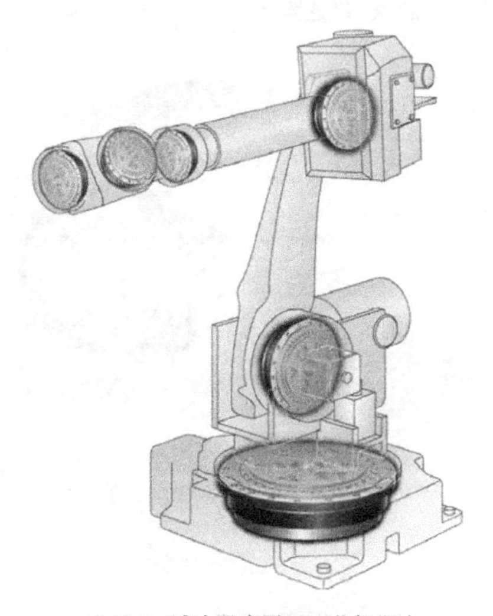

（a）RV 减速器应用于工业机器人

图 1-60 RV 减速器应用范例 1

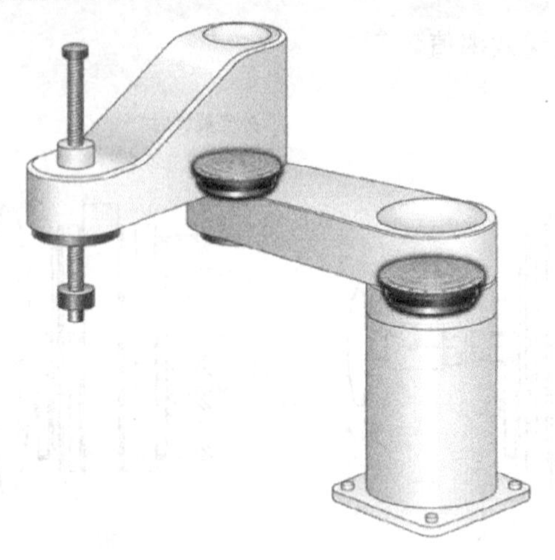

（b）RV 减速器应用于 SCARA 机器人

图 1-60　RV 减速器应用范例 1（续）

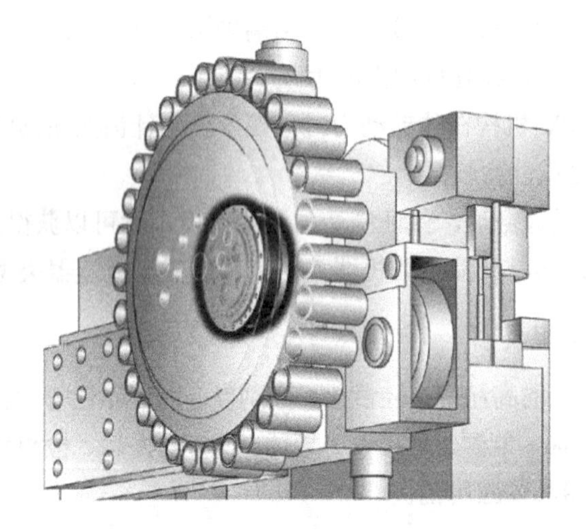

（a）RV 减速器应用于机床 ATC 刀具

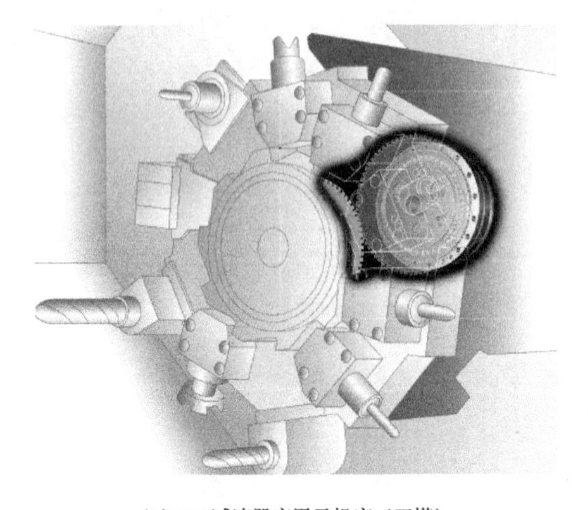

（b）RV 减速器应用于机床（刀塔）

图 1-61　RV 减速器应用范例 2

（三）精密减速器的现状

目前，全球能够提供规模化且性能可靠的精密减速器的生产企业不算多，全球绝大多数市场份额都被日本企业占据，尤其在机器人领域的应用比例是压倒性的：纳博特斯克（简称纳博）的 RV 减速器约占 60%，HD（哈默纳科）的谐波减速器约占 15%，还有住友重工约占 10%，如图 1-62 所示。

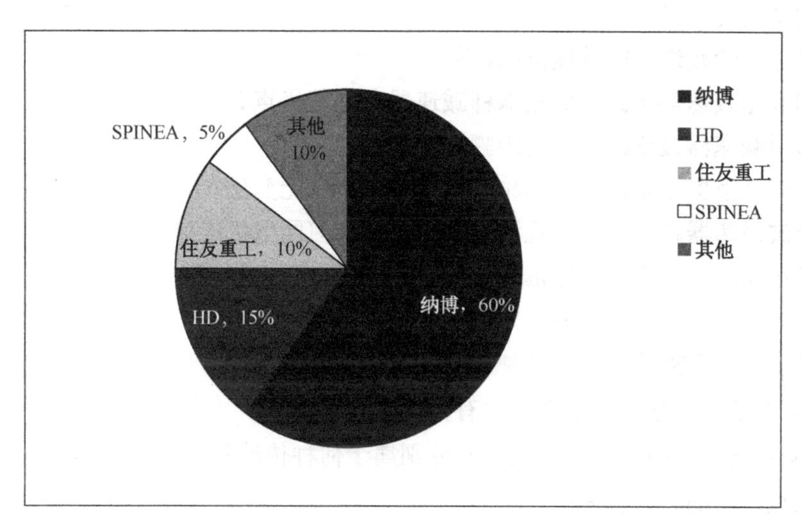

图 1-62　机器人用精密减速器市场份额

由帝人精机（Teijin Seiki）和纳博克（Nabco）这两家日本公司强强合并组成的 Nabtesco（纳博特斯克）掌握了高端核心技术，控制了很高的市场份额，位居同行业在日本乃至全世界的首位，世界上大多数机器人制造商均从 Nabtesco 的专利 RV 减速器获益并带来成功。RV 减速器被日本纳博特斯克垄断，谐波减速器也是日本哈默纳科占绝对优势。

国内 RV 减速器做得较好的公司有南通振康、秦川机床、上海力克，但市场上应用较少。谐波减速器方面情况稍好，苏州绿的谐波减速器公司的产品已在国内得到广泛的应用，此外，国内还有北京谐波传动研究所、中技克美、来福等公司推出了成熟产品。

问题与思考一

1．日常生活中有哪些常见的带传动？

2．同步带运用了哪种传动原理？同步带传动和平带传动相比有何优点？同步带传动和齿轮传动相比有什么优点？

3．相比带传动，链传动有什么优点？

4．齿轮传动的特点？标准齿轮有哪些参数？一对标准直齿轮正确啮合的条件是什么？

5．螺旋传动中的丝杆与螺母和紧固件中螺栓螺母的区别？

6．和齿轮传动相比，蜗轮蜗杆传动有何特点？

7. 简述流体介质传动系统的组成。
8. 简述液压传动和气压传动的区别。
9. 汽缸能够实现的动作有哪些？
10. 气爪的夹持力和什么有关？
11. 减速器的级数增加后对减速器性能有什么影响？
12. 润滑油的密封方式有哪些？
13. 简述齿轮减速器的减速范围。
14. 和齿轮减速器相比，蜗轮蜗杆减速器有哪些优点？
15. 行星减速器减速比计算的步骤有哪些？
16. 谐波减速器柔轮输出与刚轮输出，减速比有无变化？
17. 谐波减速器输入轴有哪几种类型，分别如何同电机连接？
18. 简述谐波减速器的减速范围。
19. 谐波减速器的缺点有哪些？
20. 简述 RV 减速器的减速范围。
21. RV 减速器和谐波减速器相比有何优点？
22. RV 减速器的减速级数有几种？分别属于何种传动？
23. 摆线齿轮的特点有哪些？

单元二

工业机器人机械本体的拆装与检测

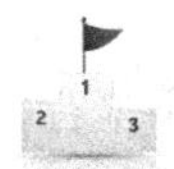

单元描述

完成汇博 HB03-760-C10 型机器人的拆卸、检测、装配和调试。这种机器人主要应用于 3C 行业，针对需要在狭小空间内进行生产的小型工件和产品而设计，非常适合小型部件的装配、拾取与放置、拧螺钉、焊接、粘接、包装、检测或检验等应用，尤其适用于对空间和精准度要求极高的电子行业。

知识准备

一、同步带

同步带是以钢丝绳或玻璃纤维绳为抗拉体（抗拉层），外覆聚氨酯或氯丁橡胶的环形带（带背），带的内周制成齿状（带齿），使其与齿形带轮啮合。

1. 同步带传动工作原理

同步带传动是由一根内周表面设有等间距齿形的环行带及具有相应吻合的轮所组成，如图 2-1 所示。运行时，带齿与齿槽相啮合传递运动和动力，它是综合了皮带传动、链传动及齿轮传动各自优点的新型带传动。带的工作面是齿的侧面，工作时，胶带的凸齿与带轮齿槽相啮合。由于它是一种啮合传动，因而带与带轮间不再存在相对滑动，从而使主、从动轮间的传动达到同步。

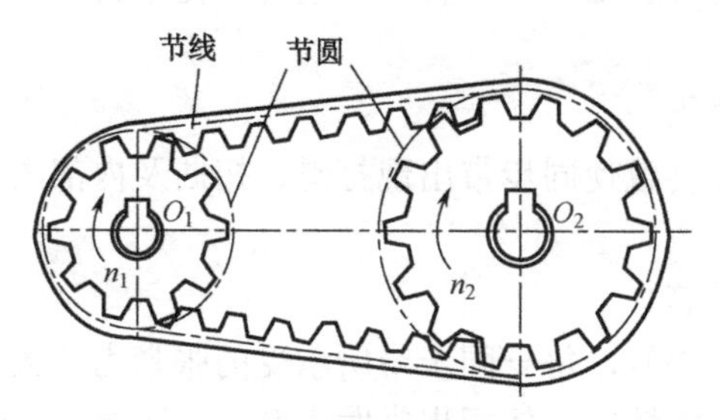

图 2-1　同步带传动

2．同步带的拆装

同步带和同步轮安装及使用注意事项：

① 安装同步带时，两轮的中心距可以移动，必须先将带轮的中心距缩短，安装好同步带后，再使中心距复位。若有张紧轮时，先把中心距缩短，然后装上同步带，再装上张紧轮。

② 往带轮上安装同步带时，切记不要用力过猛，或用螺丝刀硬撬同步带，以防止同步带的抗拉层产生外观觉察不到的折断现象。设计带轮时，最好选用两轴能互相移动的结构，若结构不允许时，则最好把同步带与带轮一起安装到相应的轴上。

③ 同步带安装时必须按不同的型号和带宽适当地加以张紧力。

④ 同步带传动中，两轮轮轴线的平行度要求比较高，否则同步带在工作时会产生跑偏，甚至跳出带轮，轴线不平行还将引起压力不均匀，使带齿早期磨损。

⑤ 支撑带轮的机架，必须有足够的刚度，否则带轮在运转中就会造成两轴线不平行。

⑥ 同步带运转时，严禁固体物质轧入齿槽，因为同步带抗拉层允许伸长极小，异物轧入时，同步带在不能伸长的情况下会被切断。

⑦ 在启动时，中心距改变，皮带松弛，会发生跳齿现象，应检查带轮的机架是否松动、轴的定位是否失准，检查后加以调整、加固。

⑧ 张紧轮一定要安装在带的背部一侧。

同步带的拆卸步骤及注意事项：

① 在拆卸同步带时，先松开电机的固定螺钉，这时候电机是可以移动的。

② 松开同步带的张紧装置，如果张紧装置是张紧轮的话，固定螺钉拆下后取出张紧轮。

③ 缩短带轮的中心距，取下同步带。

④ 在拆卸带轮时，一定要先松开带轮上的紧固螺钉，然后再取下带轮。

⑤ 如果松开带轮紧固螺钉后带轮取出仍有困难，可以往带轮与轴配合处倒入除锈油，并用工具对称用力，取下带轮，切勿使用蛮力或单侧敲打带轮。

3．同步带的损坏形式

（1）张紧力不够

若张紧力不够，那么摩擦力也会不够，随之即会发生打滑的情况，使同步带的磨损增大，使其丢失传送载荷的能力，传动失稳则导致同步带传动失去功效。

（2）张紧力太大

同步带所承受的张力太大，形变较严重，让同步带的使用年限降低。

（3）同步带上留有脏物

若同步带上留有油脂等脏物，因为脏物里包含了化学物质且赃物可进入同步带，破坏同步带的材料构成。

（4）同步带轮没有对正

若同步带轮没被对正会致使同步带出现打滑、扭曲及内部出现发热磨损的情况，因此同步带轮一定要对正。

（5）同步带长度不相等

若一排皮带的长度不相等，每一同步带所承受的张紧力的大小也会不一样，有些就会产生打滑或者是张力太大的情况，使同步带发生磨损。因此，在运用的时候一定要选用型号相同的同步带。

（6）同步带长期不运作

若同步带长时间没有运作，就需将其拆卸掉，否则就会降低同步带的使用年限，使同步带发生形变。

（7）橡胶老化

若同步带放置的时间太久了，会使同步带的橡胶出现老化进而降低其寿命。

（8）使用环境恶劣

若运用现场的环境存在尘土、酸碱气体或其他一些会伤害同步带的气体，同样会使同步带的使用年限缩短。

（9）振动幅度太大

若由于机器振动而让同步带快速地抽动，会使同步带出现比被暴晒还严重的情况，从而降低使用年限。

（10）启动过载

同步带在过载的状况下运行，会产生太大的张紧力，导致同步带由于滑动而发生破损。

（11）同步带轮的轮槽被磨损

同步带轮运行的时间太长，槽边的磨损增加；角度不正确，同步带即会碰到槽的底端，为带动机器，且一定加大张紧力，致使同步带破损。

二、谐波减速器的结构与安装

1. 安装注意事项

① 谐波减速器必须在足够清洁的环境下安装，安装过程中不能有任何异物进入减速器内部，以免使用过程中造成减速器的损坏。

② 确保减速器齿面及柔性轴承部分始终保持充分润滑。不建议齿面始终朝上使用，会影响润滑效果。

③ 安装凸轮后，应确认柔轮与刚轮啮合是 180° 对称的（见图 2-2），如偏向一边（见图 2-3）会引起震动并使柔轮很快损坏。

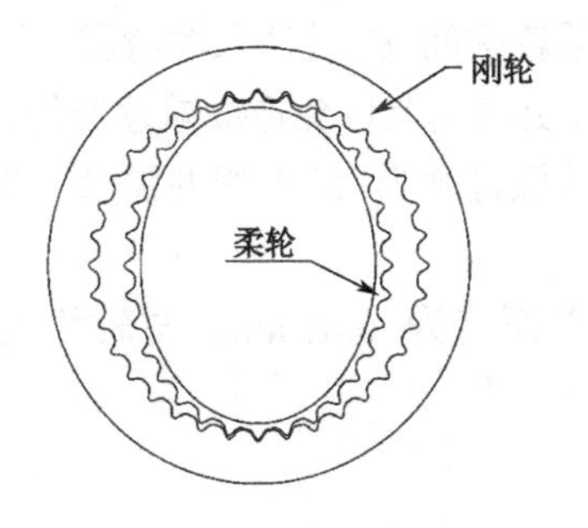

图 2-2　柔轮与刚轮啮合 180° 对称

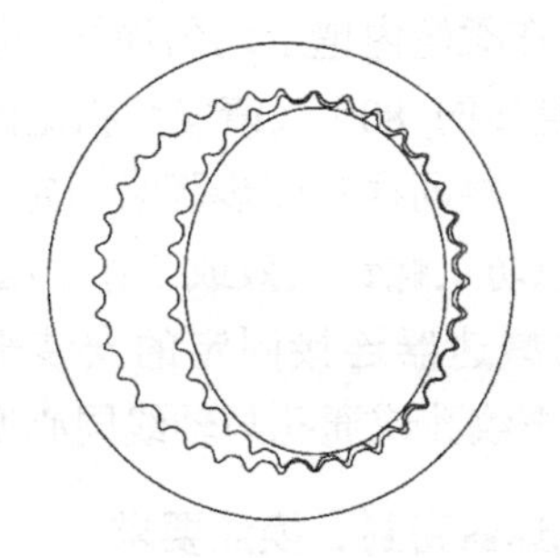

图 2-3　柔轮与刚轮啮合偏向一边

④ 安装完成后应先低速（100 r/min）运行，如有异常震动或异常响声，请立即停止并与设备厂家联系，以避免因安装不正确造成谐波减速器的损坏。

2．谐波减速器安装示例

LHD/LHS 系列谐波减速器安装方式如图 2-4 所示，其中刚轮固定，柔轮输出，减速比为标示减速比。

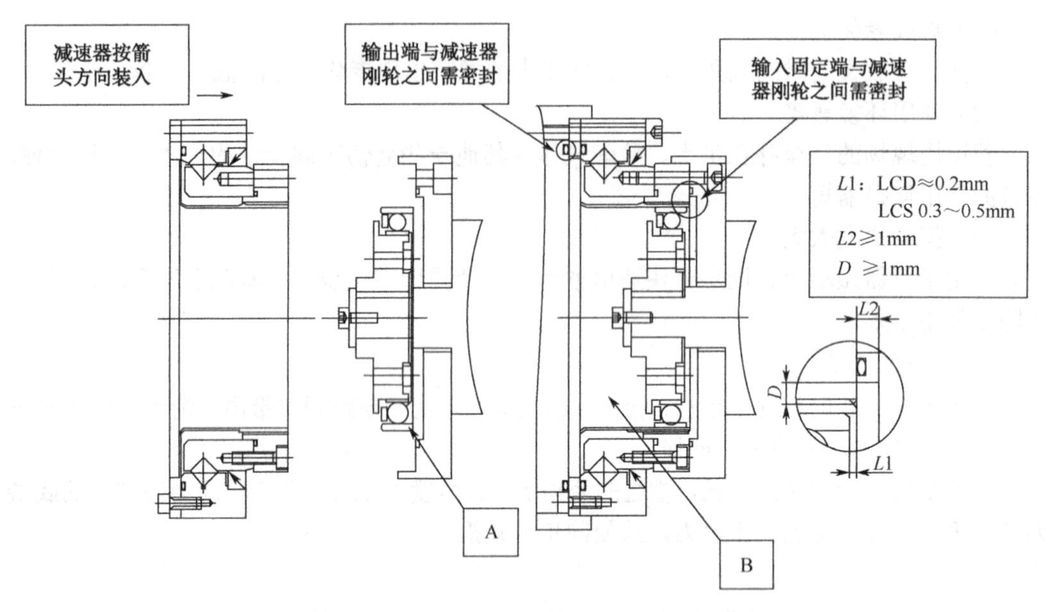

图 2-4　LHD/LHS 系列谐波减速器安装方式

① 在柔性轴承上均匀涂抹润滑脂，在 A 处腔体内注满润滑脂（请使用指定的润滑油脂，勿随意更换油脂以免造成减速器的损坏）。将波发生器安装在输入端电机轴或连接轴上，用螺钉加平垫连接固定。

② 将减速器按图示方向装入，装入时波发生器长轴对准减速器柔轮的长轴方向，到位后用对应的螺钉将减速器固定，螺钉的预紧力矩为 0.5N • m。

③ 将电机转速设定为 100 r/min 左右，启动电机，螺钉以十字交叉的方式锁紧，以四至五次均等递增至螺钉对应的锁紧力矩（螺钉对应锁紧力矩见附录 A）。所有连接固定的螺钉需为 12.9 级并需涂上乐泰 243 螺纹胶，以防止螺钉失效或工作中松脱。

④ 先在柔轮内壁上均匀涂抹一层润滑脂，后在柔轮空间 B 处注入润滑脂，注入量大约为柔轮腔体的 80%（请使用指定的润滑脂，勿随意更换油脂以免造成减速器的损坏）。

⑤ 输出端同样参照步骤②固定。所有连接固定的螺钉须为 12.9 级并需涂上乐泰 243 螺纹胶，以防止螺钉失效或工作中松脱。

⑥ 与减速器连接固定的安装平面加工要求：平面度为 0.01mm，与轴线垂直度为 0.01mm，螺纹孔或通孔与轴线同心度为 0.1mm。

3．减速器密封、换油要求

（1）减速器密封要求

减速器使用时如输出端始终水平朝下（不建议这样使用），柔轮内壁空间注入的润滑脂须超过啮合齿面（即 A 和 B 空间须注满油脂）。请使用指定的润滑油脂，勿随意更换油脂以免造成减速器的损坏。

减速器刚轮与输出端安装平面以及柔轮与输入端安装平面之间需采用静态密封，以保证减速器使用过程中油脂不会泄漏，避免减速器在少油或无油工作时损坏。

中空轴型（III 型）与实轴型（IV 型）出厂前已封入润滑脂，组装时无须另行加注。其余机型的内部隐蔽部分已封入润滑脂，但组装波发生器时须注入、涂抹润滑脂。

（2）润滑脂类别

LD No.1：专门为谐波减速器开发的专用润滑脂，对波发生器和谐波啮合齿有很好的润滑效果，抗磨性能好，使用寿命长。

LD super No.1：在 LD No.1 润滑脂基础上开发的专用谐波润滑脂，特别适用于超短筒和高扭矩机型，除具有 LD No.1 的所有优点外，还具有更长的使用寿命和更大的温度适用范围。

注意：LD No.1 与 LD super No.l 不可混用。

（3）使用润滑脂的注意事项

① 谐波减速器的输入、输出端必须设计严格的密封机构。动密封部位建议使用骨架式油封进行密封；静密封部位建议采用 O 型圈或密封胶进行密封，且必须保证密封面不得歪斜或存在伤痕。

② 必须使用专用谐波润滑脂，并避免与其他润滑脂混用。

③ 润滑脂的使用方法必须按照安装说明书的要求进行，请注意不同机型润滑脂的注入量或涂抹量不同。

④ 谐波减速器在使用过程中，如果波发生器始终处于朝上的状态，可能会引起润滑不良，此时应增加润滑脂注入量或咨询生产厂家。

⑤ 润滑脂的性能会随温度产生变化，温度越高劣化越快。为了保证润滑脂始终处于良好状态，谐波减速器高温端的热平衡温度应低于 70℃，温升小于 40℃。

⑥ 谐波减速器各运动部位的磨损主要受到润滑脂性能的影响，在具备条件的情况下，谐波减速器每运行 3000h 应更换润滑脂。

三、六轴机器人基本结构概述

六轴机器人基本结构类似于人的手臂，共包含 6 个关节，含底座在内一共 7 个构件。从底座向末端依次为底座、转盘（肩）、大臂、电动机座（肘）、小臂、手腕和末端。共有 6 个伺服电机驱动 6 个关节，可以实现不同运动形式的运动。6 个关节共有 6 个自由度，完全能够确定空间中任一点的位姿。其中，一、二、三轴确定机器人的位置，四、五、六轴确定机器人的空间姿态。图 2-5 标示了 HB3-760-C10 型机器人各个组成部分及各运动关节的定义。

机器人可按照手腕、大臂与小臂、底座三个部分来划分其结构组成。

机器人的手腕部分由机器人末端五轴和六轴组成，为了方便拆装，本书中将安装五轴的小臂划到了手腕部分，其结构如图 2-6 所示。手腕部分有两个关节，提供两个自由度。其中，五轴采用带传动，六轴采用直驱方式（电机输出轴直接与减速器输入轴连接）。按照关节类型分，五轴为 B 型关节，六轴为 R 型关节。

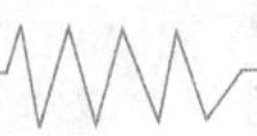

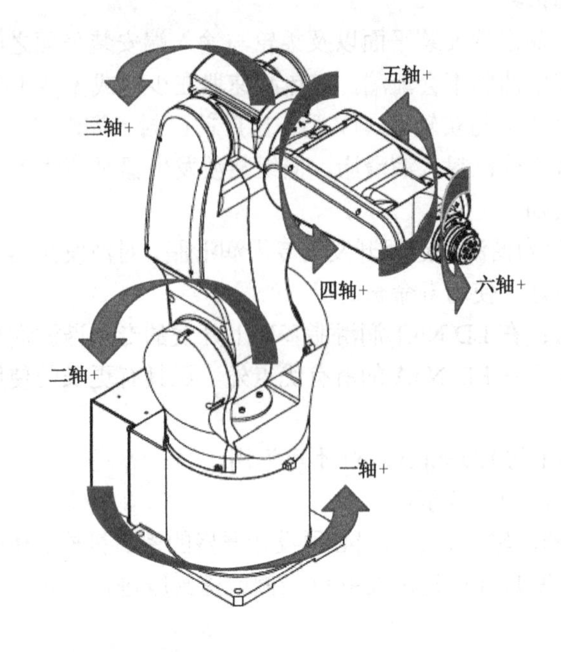

图 2-5　HB3-760-C10 型机器人

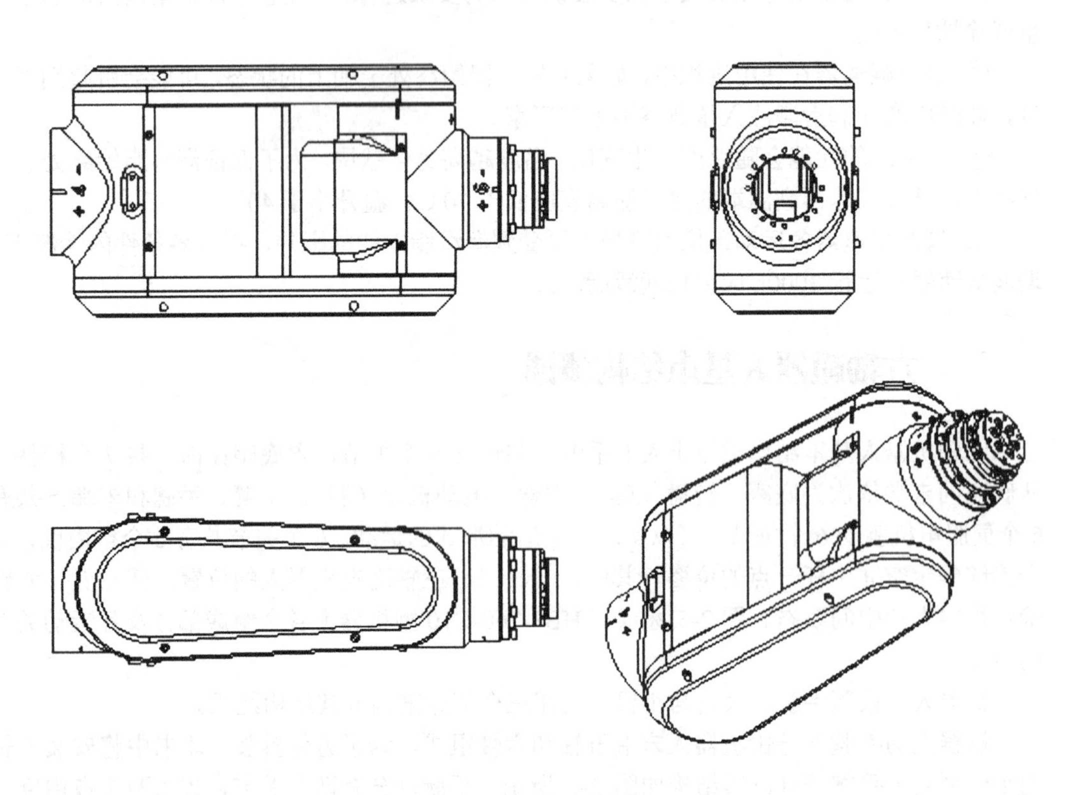

图 2-6　手腕部分结构图

手腕（五轴、六轴）的相关零部件清单见表 2-1 和表 2-2。

表 2-1　六轴的相关零部件清单

类别	序号	名称	数量
非标件	1	六轴结构件	1
	2	六轴外罩	1
	3	六轴套筒	1
	4	六轴电机压盖	1
	5	末端法兰	1
	8	六轴电机安装板	1
组件	6	100W 电机（无刹车）	1
	7	六轴谐波减速器	1
标准件	1	十字槽沉头螺钉 M3×6	2
	2	弹簧垫圈 M4	9
	3	内六角圆柱头螺钉 M3×6	4
	4	内六角圆柱头螺钉 M4×12	6
	5	内六角圆柱头螺钉 M4×16	7
	6	平键 3×12	1
	7	平键 2×6	1
	8	十字槽沉头螺钉 2×6	1

表 2-2　五轴的相关零部件清单

类别	序号	名称	数量
非标件	1	五轴结构件	1
	2	五轴电机外罩	1
	3	五轴左侧板	1
	4	五轴右侧板	1
	5	五轴外罩	2
	6	五轴航插板	1
	7	五轴电机安装板	1
	8	五轴张紧块	1
	9	五轴主动同步带轮	1
	10	五轴从动同步带轮	1
	11	线缆保护圈	2
	12	张紧连接板	1
	13	五轴过线架	1
	14	六轴过线架	1
组件	1	100W 电机	
	2	五轴谐波减速器	
标准件	1	螺母 M4	1
	2	顶丝 M3×8	2
	3	平键 3×12	1
	4	顶丝 M3×4	2
	5	弹簧垫圈 M4	2

续表

类别	序号	名称	数量
标准件	6	平垫圈 M3	2
	7	内六角圆柱头螺钉 M3×8	14
	8	内六角圆柱头螺钉 M4×10	2
	9	内六角圆柱头螺钉 M4×30	1
	10	十字槽盘头螺钉 M3×8	4
	11	内六角圆柱头螺钉 M3×6	6
	12	内六角圆柱头螺钉 M3×10	6
	13	内六角圆柱头螺钉 M3×12	9
	14	内六角圆柱头螺钉 M3×16	4
	15	内六角圆柱头螺钉 M3×25	8
	16	内六角圆柱头螺钉 M4×10	2
	17	内六角圆柱头螺钉 M4×16	4

HB3-760-C10 型机器人大臂与小臂部分由机器人的二轴、三轴和四轴组成，为了方便拆装，本书中将小臂臂杆部分划入了腕部，二轴结构件（转座）划入了底座，其结构如图 2-7 所示。机器人大臂和小臂部分有三个关节，提供了三个自由度。其中，二轴采用直驱方式传动，三轴和四轴采用同步带传动。按照关节类型分，二轴和三轴为 B 型关节，四轴为 R 型关节。

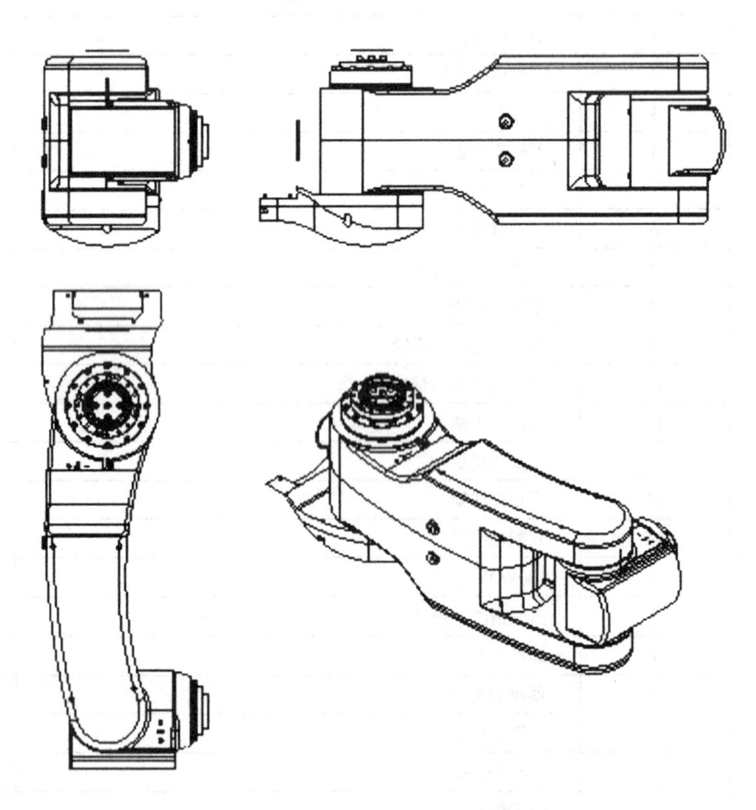

图 2-7　机器人二、三、四轴结构图

二轴、三轴、四轴的相关零部件清单见表 2-3 和表 2-4。

表 2-3　四轴的相关零部件清单表

类别	序号	名称	数量
非标件	1	四轴结构件	1
	2	四轴外罩	1
	3	四轴电机连接板	1
	4	四轴从动同步带轮	1
	5	四轴主动同步带轮	1
	6	四轴过线架	1
组件	1	100W 电机	1
	2	四轴谐波减速器	1
标准件	1	平垫圈 M4	2
	2	内六角圆柱头螺钉 M4×12	4
	3	弹簧垫圈 M4	2
	4	内六角圆柱头螺钉 M3×8	2
	5	平键 3×12	1
	6	顶丝 M3×4	2
	7	弹簧垫圈 M3	12
	8	内六角圆柱头螺钉 M3×30	12
	9	内六角圆柱头螺钉 M3×6	7

表 2-4　大臂（二、三轴）的相关零部件清单表

类别	序号	名称	数量
非标件	1	一、二轴电机减速器模块	1
	2	一、二轴电机安装板	1
	3	一、二轴减速器压盖	1
	4	大臂主体左	1
	5	大臂主体右侧	1
	6	大臂左外壳	1
	7	大臂右外壳	1
	8	三轴电机安装板	1
	9	三轴带轮张紧板	1
	10	三轴主动同步带轮	1
	11	三轴从动同步带轮	1
	12	线缆固定架 01	1
	13	线缆固定架 02	1
	14	二轴过线保护套	1
组件	1	400W 电机（带刹车）	1
	2	200W 电机（带刹车）	1
	3	二轴谐波减速器	1
	4	三轴谐波减速器	1
标准件	1	平垫圈 M3	3
	2	内六角圆柱头不脱出螺钉 M5×16	1
	3	内六角圆柱头螺钉 M5×10	8

续表

类别	序号	名称	数量
标准件	4	普通平键 C 型 5×16	1
	5	O 形密封圈 90×1.8	1
	6	内六角圆柱头螺钉 M5×12	4
	7	内六角圆柱头螺钉 M3×8	2
	8	顶丝 M3×8	4
	9	内六角圆柱头螺钉 M3×30	12
	10	弹簧垫圈 M3	12
	11	内六角圆柱头螺钉 M3×10	10
	12	内六角圆柱头螺钉 M6×60	3
	13	铜柱 M3×7	2
	14	内六角圆柱头螺钉 M4×16	6
	15	平键 5×14	1
	16	螺母 M5	1
	17	铜柱 M3×25	6
	18	内六角圆柱头螺钉 M5×30	1
	19	内六角圆柱头螺钉 M4×10	2
	20	平垫圈 M4	6
	21	弹簧垫圈 M4	12
	12	内六角圆柱头螺钉 M4×40	12

HB3-760-C10 型机器人底座部分由机器人的一轴和二轴结构件组成，为了方便拆装，本书中将二轴的结构件（转座）划分到底座部分，其结构如图 2-8 所示。机器人转座有一个关节，提供了一个自由度。其动力组件和二轴相同，采用直驱方式传动。按照关节类型分，一轴为 R 型关节。

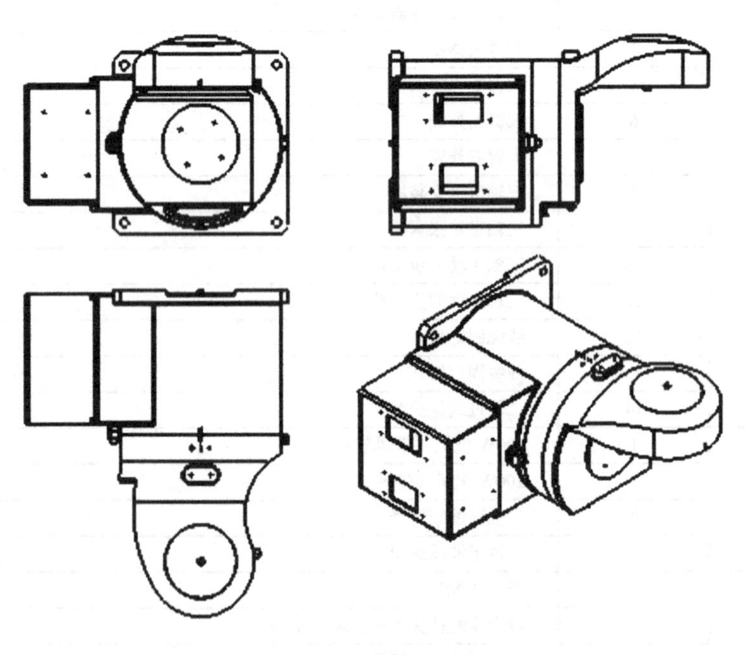

图 2-8　底座结构图

底座（一轴和部分二轴）的相关零部件清单见表 2-5。

表 2-5 底座（一轴和部分二轴）的相关零部件清单

类别	序号	名称	数量
非标件	1	一轴机器人底座转接件	1
	2	一轴机器人底座主体	1
	3	底座走线支架	1
	4	机器人底座封盖	1
	5	航插盒主体	1
	6	一轴限位尼龙块	1
	7	一、二轴电机安装板	1
	8	一、二轴减速器压盖	1
	9	腰关节转座主体	1
	10	腰关节转座走线侧主体	1
	11	腰关节转座走线侧外壳	1
	12	腰关节转座主体封盖	1
	13	二轴走线支架	1
	14	二轴侧面密封盖	1
	15	转座防尘压盖	1
	16	二轴限位块	2
组件	1	400W 电机（带刹车）	1
	2	一轴谐波减速器	1
标准件	1	O 形密封圈 90×1.8	1
	2	O 型密封圈 50×1.8	2
	3	弹簧垫圈 M6	12
	4	弹簧垫圈 M5	1
	5	内六角圆柱头不脱出螺钉 M5×16	1
	6	内六角圆柱头螺钉 M4×12	4
	7	内六角圆柱头螺钉 M3×8	6
	8	内六角圆柱头螺钉 M6×16	13
	9	内六角圆柱头螺钉 M4×40	12
	10	内六角圆柱头螺钉 M4×20	7
	11	内六角圆柱头螺钉 M4×10	13
	12	内六角圆柱头螺钉 M5×10	8
	13	普通平键 C 型 5×16	1

四、安全注意事项

1. 机器人整体运动演示安全事项

① 在拆装前后进行机器人演示时，操作人员需要经过安全培训和简单的操作培训后方

可进行。机器人控制的具体操作可参考相关教程。

② 在机器人运行演示过程中，所有人员均站在护栏外进行操作与观察，以免发生碰撞事故。

③ 机器人设备运行过程中，在中途即使机器人看上去已经停止时，人员也应该站在护栏外，因为此时机器人也有可能正在等待启动信号，处于即将运动状态，所以此时也视为机器人正在运动。

④ 机器人演示运动时，运动速度尽量调低，确定末端轨迹正确时方可进一步增大运行速度。

2. 机器人拆装过程注意事项

① 拆装过程中，注意部件轻拿轻放。

② 测试机器人减速器时，应戴上防护眼镜，以防油脂飞溅到眼睛里。

③ 拆装过程中所有的工具和零件不得随意堆放，必须放在指定位置，并摆放整齐，防止工具或零件掉落伤人。

④ 桌面上只能放置规定承重零件及拆装使用工具，严禁放置其他重物。

3. 其他安全注意事项

① 工作站内严禁奔跑，以防跌伤。严禁打闹。

② 设备拆装必须在教师指导下完成，不得私自操作。

③ 在工作站内不得穿拖鞋或者赤脚，须穿厚实的鞋子。

④ 不得挪动与拆装防护装置和安全措施。

⑤ 离开工作站时，关断电源。

任务一　工业机器人机械部分的拆卸与检测

◎ 任务目标

- 了解谐波减速器的结构；
- 了解同步带传动的结构；
- 能够正确拆下谐波减速器；
- 能够正确使用拆卸工具；
- 能够正确拆下同步带；
- 能够正确拆卸六轴工业机器人本体。

◎ 任务描述

根据图 2-9 完成 HB03-760-C10 型机器人机械部分的拆卸与检测。

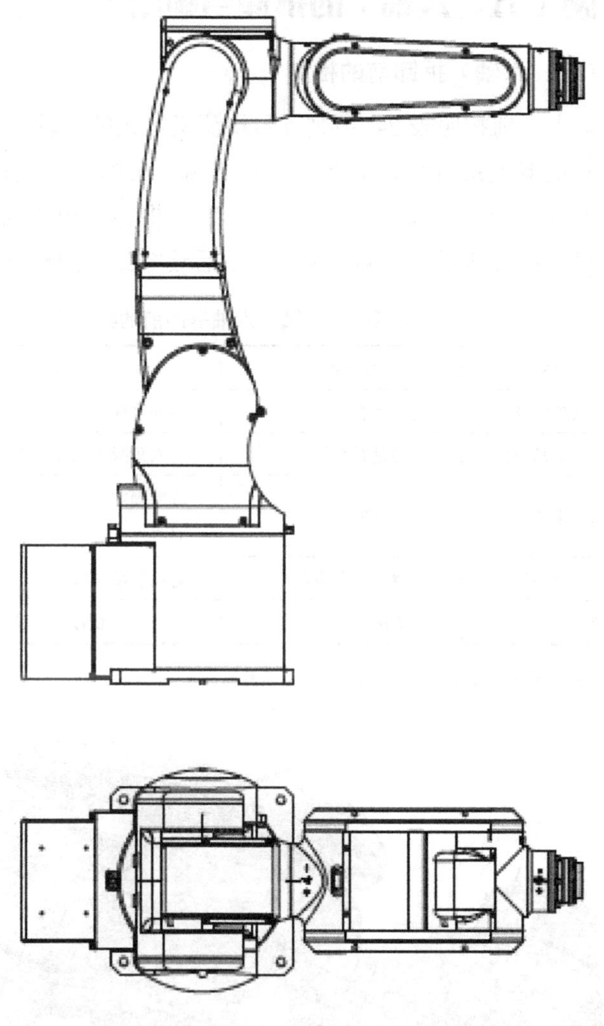

图 2-9　HB03-760-C10 型机器人

◎ 任务实施

根据机械部分装配图和装配工艺卡片，完成 HB03-760-C10 型机器人机械部分的拆卸与检测。按图样要求，查看机器人是否完整。表 2-6 列出了所需拆卸工具和检测量具，按照表格要求，备齐相关工具、量具。

表 2-6　机器人机械本体拆卸所需工具和检测量具清单

工具、量具清单		
序号	名称	数量
1	内六角扳手	1 套
2	电动工具	1 套
3	橡胶锤	1 个
4	游标卡尺	1 块

一、手腕（五、六轴）的拆卸与检测

1．手腕（五、六轴）拆卸前的检测

在拆卸机器人之前按照表 2-7 所列项目检测机器人的五轴和六轴。

注意：在对机器人进行检测时务必切断电源！在拆掉电机护盖（如图 2-10 和图 2-11 所示，先拆两侧防护盖，再拆电机防护盖）后，将各个电机的动力线和编码器线的对插接头拔开，将线束扎带剪断，理顺电缆，便于后续零部件的检测和拆卸。

表 2-7　五轴、六轴拆卸前的检测表

步骤	检测对象	检测内容	检测要点	检测结果
1	五轴、六轴整体	是否完整	不缺零件	
2	五轴、六轴紧固件	连接是否牢靠	内六角扳手长端拧不动	
3	五轴同步带轮	固定情况	轴向固定 对齐	
4	五轴、六轴整体	位置、方向是否正确	对比装配图纸	
5	五轴同步带	松紧度	压力为 100N，压下量为 10mm 左右	

注：紧固件的松紧还可以通过力矩扳手或者电动工具来检测。

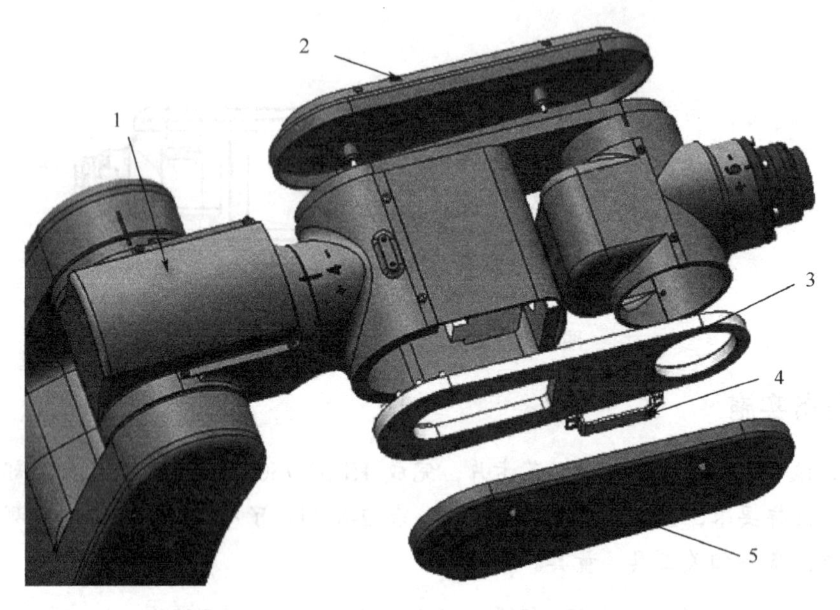

1—四轴电机防护盖；2，5—五轴两侧防护盖；3—五轴右侧板；4—五轴过线架

图 2-10　电机护盖拆卸示意图 1

2．手腕（五、六轴）的拆卸

机器人的电气线与机械本体连接在一起，即电气线在机械本体内。因此，在拆卸机械本体时，应注意电气线的布局，避免将电气线断开。

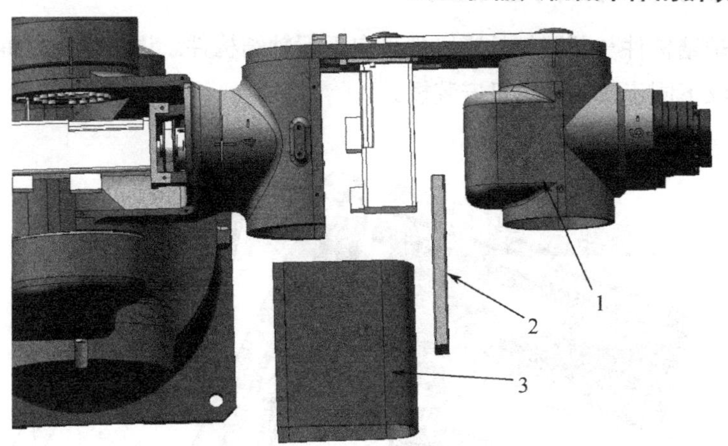

1—六轴电机防护盖；2—支撑板；3—五轴电机防护盖

图 2-11　电机护盖拆卸示意图 2

如图 2-12 所示，在拆卸六轴电机或减速器时，应首先将机器人运动到图示姿态。先将六轴减速器螺栓拆除，取出六轴减速器，在取出减速器时注意不要伤害减速器本体；然后松开电机组件与六轴结构件的固定螺钉，取下六轴电机组件，松开六轴结构件与小臂组件的紧固螺钉，可取下六轴结构件；进一步便可将波发生器从电机组件上取下，拆解六轴电机组件。

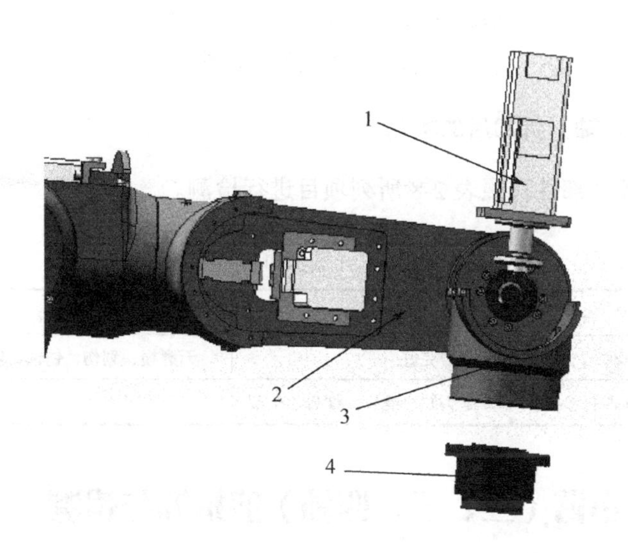

1—六轴电机组件；2—小臂组件；3—六轴结构件；4—六轴谐波减速器

图 2-12　六轴拆卸示意图

如图 2-13 所示，小臂两侧防护盖和电机防护盖在第一步检测环节已经拆掉，先将五轴同步带张紧螺栓 M4×30 松开，将同步带轮取出（同步带的拆卸方法参见本单元“知识准备”部分）。拆下电机组件与小臂左侧板的紧固件，取下电机组件；拆下减速器与小臂左侧板的紧固件，可取下减速器组件；拆下小臂左侧板与五轴结构件的紧固件，可取下小臂左侧板；拆下五轴结构件与前四轴的紧固件可取下五轴结构件。进一步可以拆解电机组件和减速器组件，取下同步带轮和电机安装板。

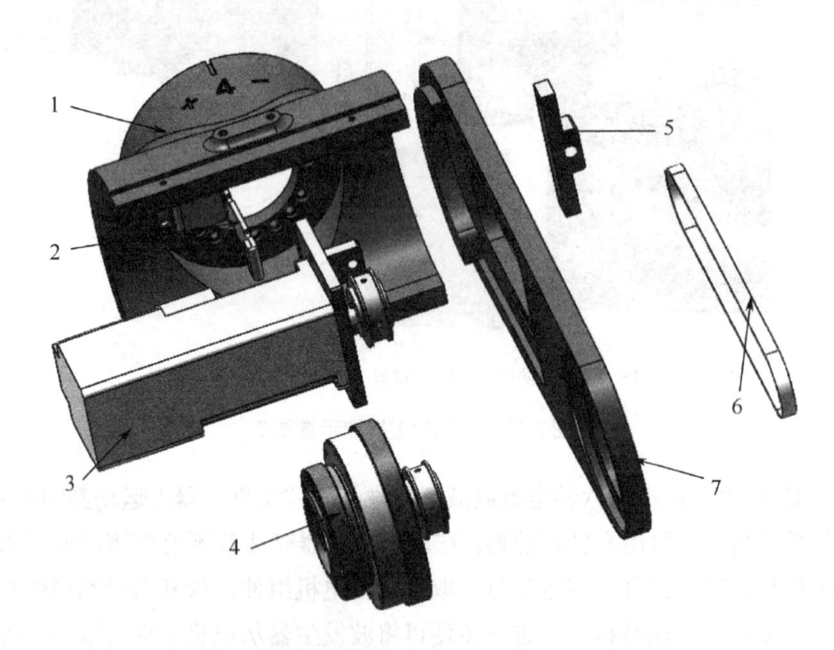

1—五轴结构件；2—五轴过线架；3—五轴电机组件；4—五轴减速器组件；

5—五轴张紧板；6—五轴同步带；7—小臂左侧板

图 2-13　五轴拆卸示意图

3．手腕（五、六轴）拆卸后的检测

对拆卸下来的各个部件按照表 2-8 所列项目进行检测。

表 2-8　五轴、六轴拆卸后的检测表

步骤	检测对象	检测内容	检测要点	检测结果
1	五轴、六轴零部件	是否完好	无磨损、划伤、锈蚀、明显变形	
2	五轴、六轴紧固件和连接件	是否缺少螺钉、螺母、垫圈		

二、大臂及小臂（二、三、四轴）的拆卸与检测

1．大臂及小臂（二、三、四轴）拆卸前的检测

在拆卸机器人大、小臂之前按照表 2-9 所列项目检测机器人的大臂和小臂。

注意：在检测前确保断开电源，可将前三轴的防护盖拆卸以方便检测。前三轴防护盖拆卸如图 2-14 所示。

表 2-9 二轴、三轴和四轴拆卸前检测表

步骤	检测对象	检测内容	检测要点	检测结果
1	二轴、三轴和四轴整体	是否完整	不缺零件	
2	二轴、三轴和四轴紧固件	连接是否牢靠	内六角扳手长端拧不动	
3	二轴、三轴同步带轮	固定情况	轴向固定 对齐	
4	二轴、三轴和四轴整体	位置、方向是否正确	对比装配图纸	
5	二轴、三轴同步带	松紧度	压力为 100N，压下量在 10mm 左右	

注：紧固件的松紧可通过力矩扳手或电动工具来检测。

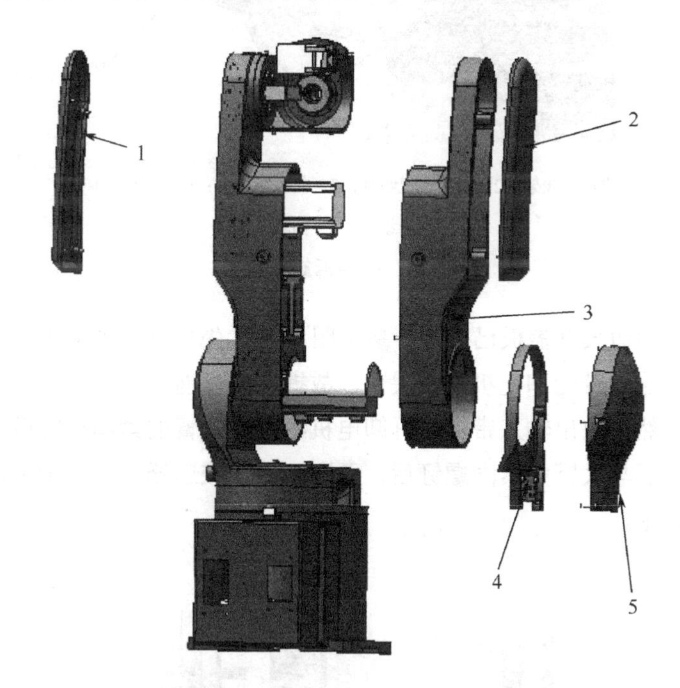

1，2—大臂侧外壳；3—大臂主体右侧；4—腰关节走线侧主体；5—腰关节走线侧外壳

图 2-14 前三轴防护盖拆卸示意图

2. 大臂及小臂（二、三、四轴）的拆卸

四轴电机罩在拆卸手腕的时候已经拆掉，确保四轴电机电气线已梳理好，松开电机张紧装置，拆下电机的紧固螺钉，即可取下四轴同步带，并将电机与电机安装板（四轴电机组件）整体取出，如图 2-15 所示。

拆除减速器时，需要先将四轴过渡板上螺栓拆除，拆除后将减速器与电机座固定的螺栓拆除即可以取出减速器整体。拆下四轴过线架与四轴结构件的紧固件后可取下四轴过线架；拆下四轴结构件与前三轴的紧固螺钉后可以拆下四轴结构件。对四轴电机组件和减速器组件进一步拆卸，可取下同步带轮（带传动拆卸具体参考本单元“知识准备”部分）和电机安装板。

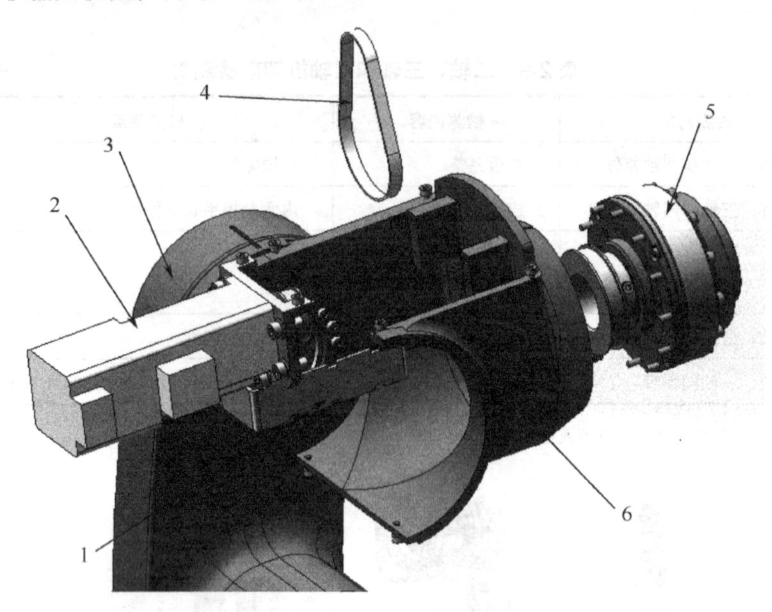

1—四轴过线架；2—四轴电机组件；3—前三轴主体；4—四轴同步带；

5—减速器组件；6—四轴结构件

图 2-15　四轴拆卸示意图

拆卸三轴时，两边大臂盖板已拆除。参考图 2-16，先松开张紧装置，拆卸同步带传动装置。注意，由于输入带轮和电机配合关系，故拆除时可能较困难，此时可以将电机连同调整板一起拆除，然后取出输入带轮。拆卸电机组件与大臂的紧固螺钉后，可取下三轴电机组件；拆卸减速器与大臂的紧固螺钉后，可取下三轴减速器。进一步可拆下电机组件，取出主动轴同步带轮。

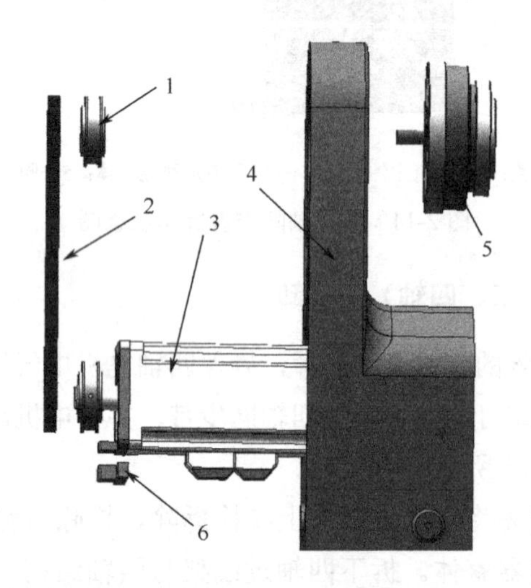

1—三轴从动同步带轮；2—三轴同步带；3—三轴电机组件；4—大臂主体右侧；

5—三轴减速器；6—三轴张紧块

图 2-16　三轴拆卸示意图

参考图 2-17，拆卸二轴时，应先将大臂和二轴电机减速器组合体一起拆除，然后将二轴电机减速器组合体与大臂连接的固定螺钉取出，即可将二轴电机减速器与大臂分离。取出电机与减速器的组合体，可以进一步将电机与减速器分离。

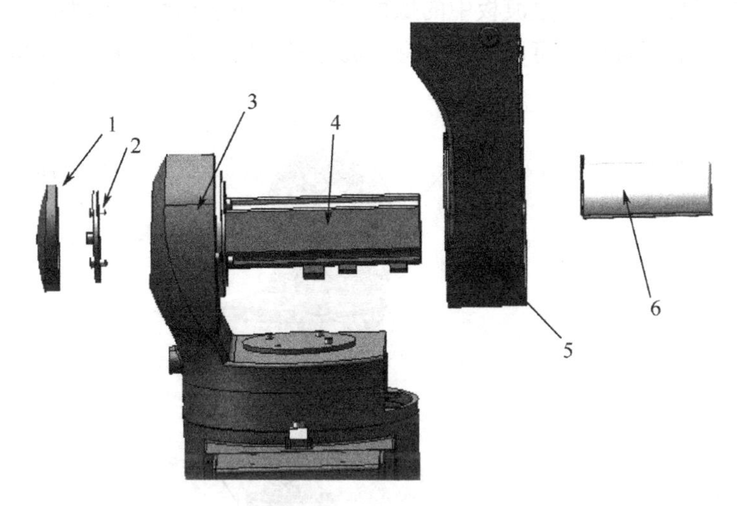

1—防护盖；2—密封盖；3—二轴结构件；4—一、二轴动力组件；

5—大臂；6—二轴过线保护套

图 2-17　二轴拆卸示意图

3．大臂及小臂（二、三、四轴）拆卸后的检测

对拆卸下来的各个部件按照表 2-10 所列项目进行检测。

表 2-10　五轴、六轴拆卸后的检测表

步骤	检测对象	检测内容	检测要点	检测结果
1	二、三、四轴零部件	是否完好	无磨损、划伤、锈蚀、明显变形	
2	二、三、四轴紧固件和连接件	是否缺少螺钉、螺母、垫圈		

三、底座的拆卸与检测

1．拆卸前的检测

在拆卸机器人底座之前按照表 2-11 所列项目进行检测。

表 2-11　底座（一轴）拆卸前的检测表

步骤	检测对象	检测内容	检测要点	检测结果
1	底座整体	是否完整	不缺零件	
2	底座紧固件	连接是否牢靠	内六角扳手长端拧不动	
3	底座整体	位置、方向是否正确	对比装配图纸	

注：紧固件的松紧可通过力矩扳手或电动工具来检测。

2. 底座（一轴）的拆卸

在拆底座之前，先要确保后面的五轴都已拆除。

拆卸一轴减速器与电机时，应将转座拆除。将转座螺栓从底座过渡板中拆除，即可拿出转座。取下转座后，将底座过渡板中的螺栓拆除，即可取出底座过渡板，之后即可取出一轴减速器与电机的组合体，可以进一步将电机与减速器分离，如图 2-18 所示。

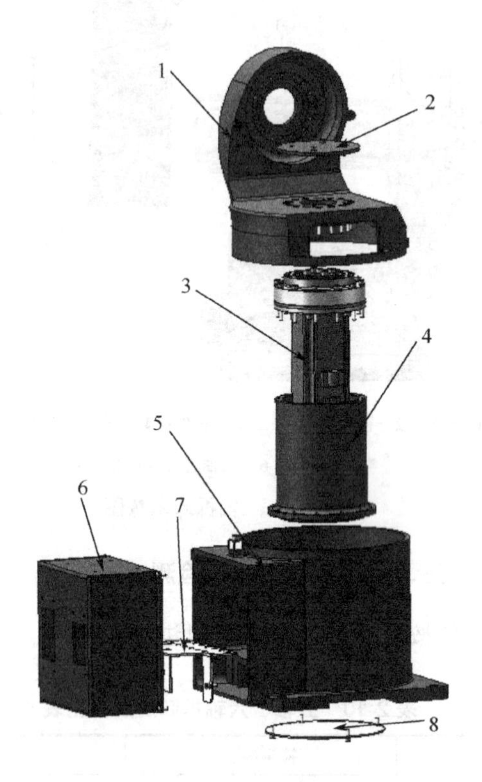

1—转座；2—转座防尘盖；3—一二轴动力组件；4—底座法兰；
5—底座转接体；6—航插盒主体；7—底座走线支架；8—底座封盖

图 2-18　底座（一轴）拆卸示意图

3. 底座拆卸后的检测

对底座拆卸下来的各个部件按照表 2-12 所列项目进行检测。

表 2-12　底座（一轴）拆卸后的检测表

步骤	检测对象	检测内容	检测要点	检测结果
1	底座零部件	是否完好	无磨损、划伤、锈蚀、明显变形	
2	底座紧固件和连接件	是否缺少螺钉、螺母、垫圈		

任务二　工业机器人机械部分的装配与检测

◎ 任务目标

- 了解谐波减速器的安装要求；
- 了解同步带的安装要求；
- 了解减速器密封、换油的要求；
- 能够正确安装谐波减速器；
- 能够正确使用装配工具和量具；
- 能够正确安装同步带；
- 能够正确安装六轴工业机器人本体。

◎ 任务描述

根据图2-19完成HB03-760-C10型机器人机械部分的装配与检测。

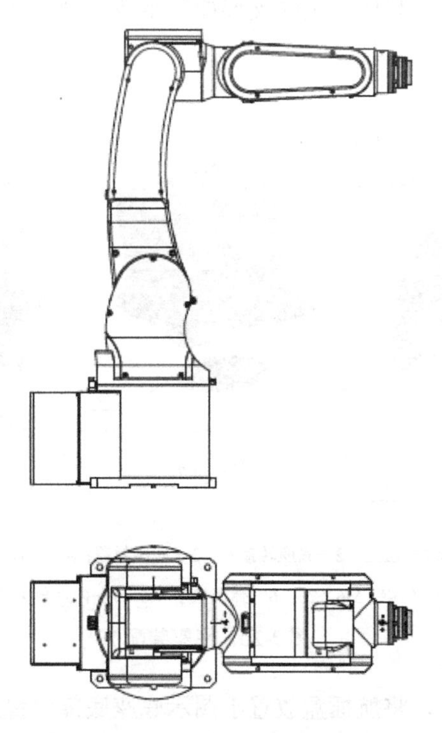

图2-19　HB03-760-C10型机器人

◎ 任务实施

根据机械部分装配图和装配工艺卡片，完成HB03-760-C10型机器人机械部分的安装与检测。按表2-1至表2-5所列查看机器人零部件是否完备。表2-13为所需装配工具和检测量具，按照表格要求，备齐相关工具、量具。

表 2-13　机器人机械本体装配所需工具和检测量具清单

工具、量具清单		
序号	名称	数量
1	内六角扳手	1 套
2	电动工具	1 套
3	橡胶锤	1 个
4	游标卡尺	1 块

一、底座的装配与检测

1. 底座的装配

步骤一，参考图 2-20，将底座转接件卡入底座主体，取 12 套内六角螺钉 M6×20 及弹簧垫圈 M6 拧入底座底部，锁附完整。

步骤二，将底座封盖放置于底部腔体，取 4 个内六螺钉角 M4×10 拧入底座底部。

步骤三，参考图 2-20，将底座走线支架如图示放置至腔体内，取 2 个内六角螺钉 M4×10 拧入腔体内。

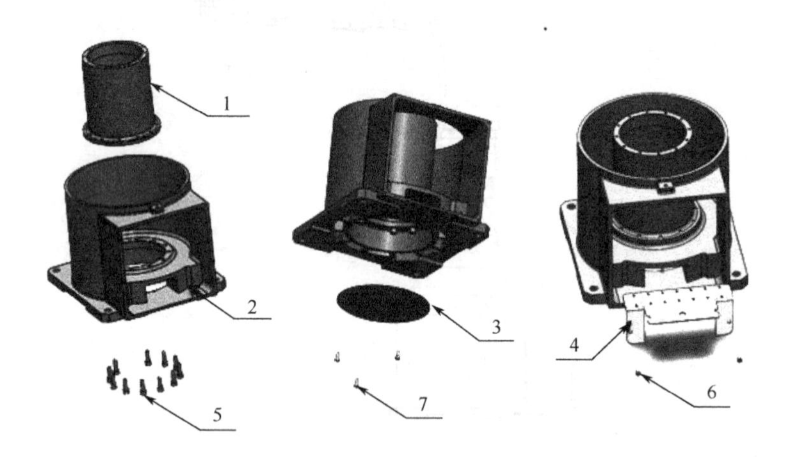

1——轴底座法兰；2—底座转接件；3—底座封盖；4—底座走线支架；

5—内六角螺钉 M6×20；6—弹簧垫圈 M6；7—内六角螺钉 M4×10

图 2-20　底座装配 1

步骤四，参考图 2-21，将航插盒放置于图示底座底部位置，取 4 个内六角螺钉 M4×10 锁紧航插盒。

步骤五，参考图 2-21，将尼龙限位块 T 型底部朝外放置于端面上，取 1 个内六角螺钉 M6×16 锁紧。

步骤六，参考图 2-21，将之前装配完成的动力组件置于底座腔体内，取 12 套内六角螺钉 M4×40 及弹簧垫圈 M4 锁附至底座上，对角锁定。

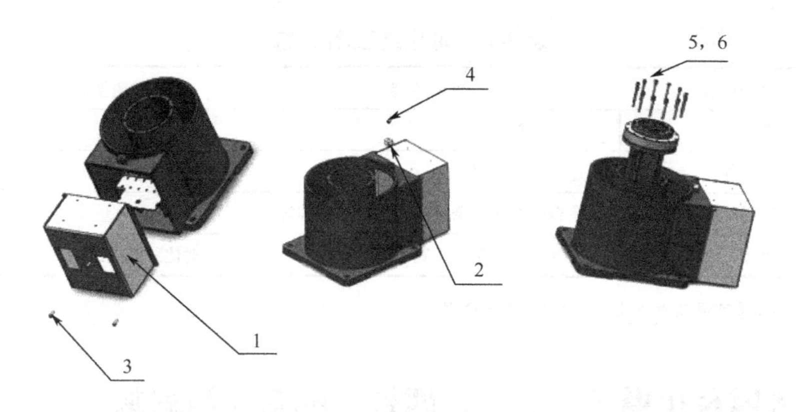

1—航插合主体；2—一轴限位尼龙块；3—内六角螺钉 M4×10；4—内六角螺钉 M6×16；

5—内六角螺钉 M4×40；6—弹簧垫圈 M4

图 2-21　底座装配 2

步骤七，参考图 2-22，将转座主体安装到底座谐波端面上，取 12 套 M4×25 及弹簧垫圈 M4 锁紧转座和谐波减速器。

步骤八，参考图 2-22，将转座防尘压盖放置于图示转座上的位置，取 4 个内六角螺钉 M4×10 锁紧至转座上。

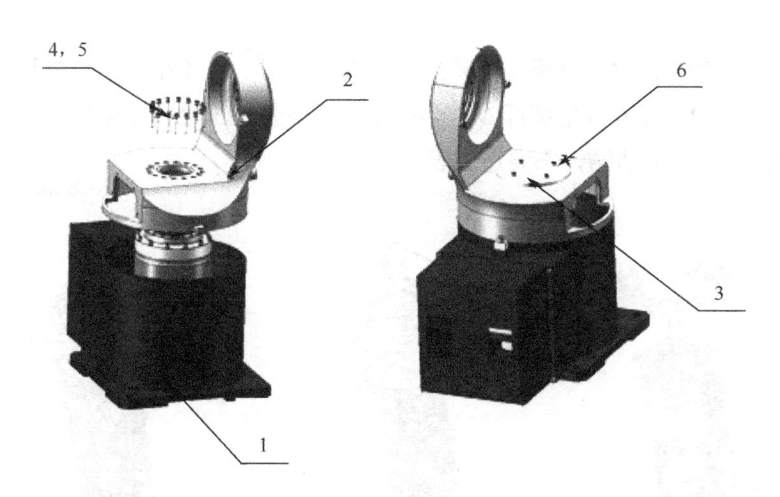

1—转座主体；2—腰关节转座结构件；3—转座防尘压盖；4—内六角螺钉 M4×25；

5—弹簧垫圈 M4；6—内六角螺钉 M4×10

图 2-22　转座装配

2．底座装配后的检测

按照表 2-14 所列项目对装配好的底座进行检测，以表格中的检测内容作为考量项目，检测机器人底座的机械部分是否安装复位。

表 2-14　底座装配后的检测表

步骤	检测对象	检测内容	检测要点	检测结果
1	底座整体	是否完整	不缺零件	
2	底座紧固件	连接是否牢靠	内六角扳手长端拧不动	
3	底座紧固件和连接件	是否缺少或多余螺钉、螺母、垫圈等		
4	底座整体	位置、方向是否正确	对比装配图纸	

注：紧固件的松紧可通过力矩扳手或电动工具来检测。

二、大臂及小臂（二、三、四轴）的装配与检测

1. 大臂及小臂（二、三、四轴）的装配

（1）大臂主体安装

步骤一，参考图 2-23，将电机安装板与电机组装，4 个内六角螺钉 M5×10 穿过电机锁定到电机安装板上。

步骤二，参考图 2-23，将 25-80-1 型谐波减速器安装至电机安装板上，并用键连接波发生器与电机主轴。先安装刚轮，后安装波发生器，安装敲击时使用橡胶锤，电机底部加垫软性材料。

步骤三，参考图 2-23，将压盖安装到波发生器内圈，取 4 个内六角螺钉 M5×10 锁紧至波发生器上，取 1 套内六角螺钉 M5×16 和弹簧垫圈 M5 锁紧至电机轴端，锁紧过程中注意谐波减速器表面的清洁，不要造成表面损伤。

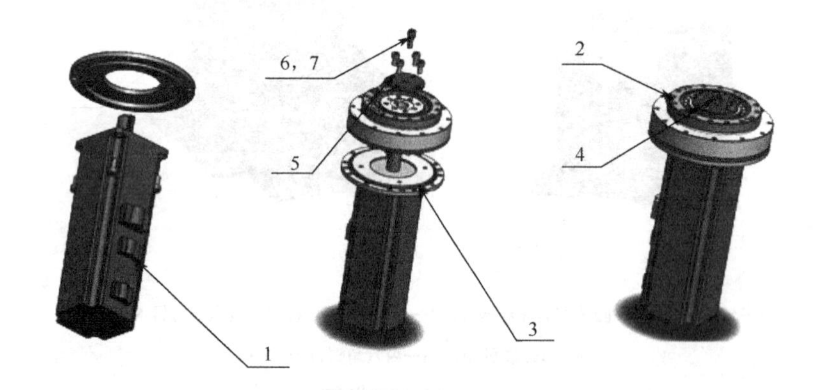

1—伺服电机（400W）；2—谐波减速器；3—一、二轴电机安装板；4—一、二轴减速器压盖；
5—内六角螺钉 M5×10；6—内六角螺钉 M5×16；7—弹簧垫圈 M5

图 2-23　一、二轴动力组件装配

步骤四，涂抹谐波减速器专用润滑脂至波发生器滚珠上，涂抹均匀。

步骤五，参考图 2-24，取伺服电机（200W，带刹车），平键嵌入电机轴端，将同步带安装至电机轴端上，保证平整。

步骤六，参考图 2-24，将电机安装板安装至电机法兰处，注意配合方式，取 4 个内六角螺钉 M5×12 锁紧电机与安装板，安装板凸台与电机电源线端朝向一致，注意安装方式。

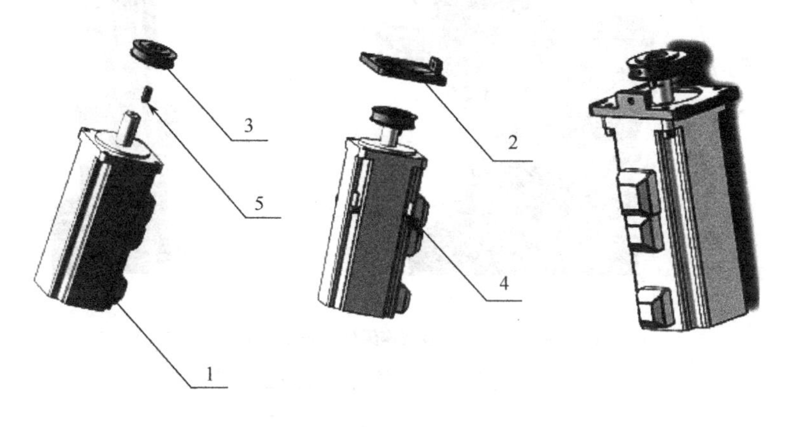

1—伺服电机 200W（带刹车）；2—三轴电机安装板；3—三轴主动同步带轮；
4—内六角螺钉 M5×12；5—平键 5×14

图 2-24　三轴动力组件装配

步骤七，参考图 2-25，将三轴同步从动同步带轮安装至三轴谐波轴上，拧紧内部两颗螺钉。

步骤八，参考图 2-25，将上步所装组件安置于图 2-25 所示位置，取 12 套内六角螺钉 M3×30 及弹簧垫圈 M3 锁紧谐波组件至大臂主体上。

步骤九，参考图 2-25，将一、二轴动力组件放置于下部腔体处，取 12 套内六角螺钉 M4×40 及弹簧垫圈 M4 锁紧动力组件至大臂结构件上。

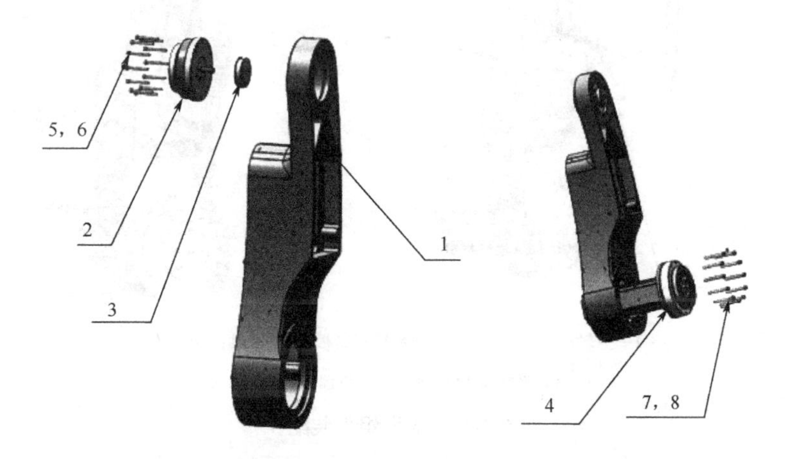

1—大臂结构件；2—三轴谐波减速器；3—三轴从动同步带轮；4—一、二轴动力组件；
5—内六角螺钉 M3×30；6—弹簧垫圈 M3；7—内六角螺钉 M4×40；8—弹簧垫圈 M4

图 2-25　大臂组件装配 1

步骤十，参考图 2-26，将大臂整体抬起，安装至转座连接位置，注意在谐波输出轮配合处，取 12 个内六角螺钉 M5×25 锁紧大臂组件至底座上。

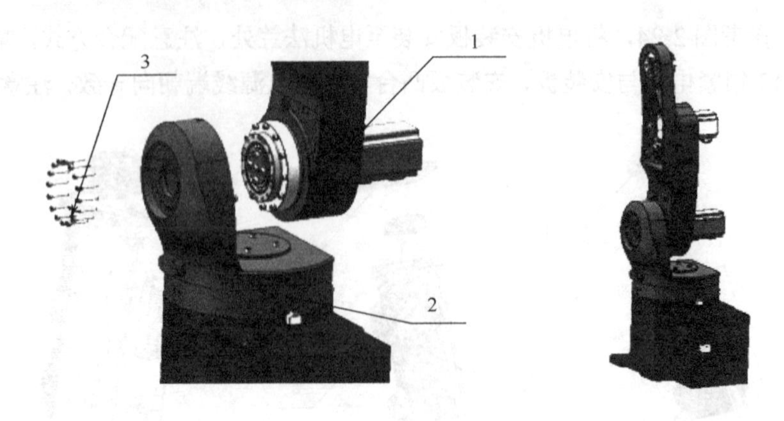

1—大臂组件；2—腰关节及底座组件；3—内六角螺钉 M5×25

图 2-26　大臂组件装配 2

步骤十一，参考图 2-27，将三轴动力组件如图所示放置腔体内，取 4 套内六角螺钉 M4×16 及平垫圈 M4 将电机组件连接至底座上，不要锁紧。

步骤十二，参考图 2-27，将张紧板安放置于图示位置，取 2 个内六角螺钉 M4×16 锁紧至大臂处。

步骤十三，参考图 2-27，取 1 个内六角螺钉 M5×25 穿过张紧板孔锁附到电机安装板上，逐渐调整皮带张紧度。

步骤十四，参考图 2-27，皮带张紧完成后，拧紧电机安装板上 4 个螺钉。

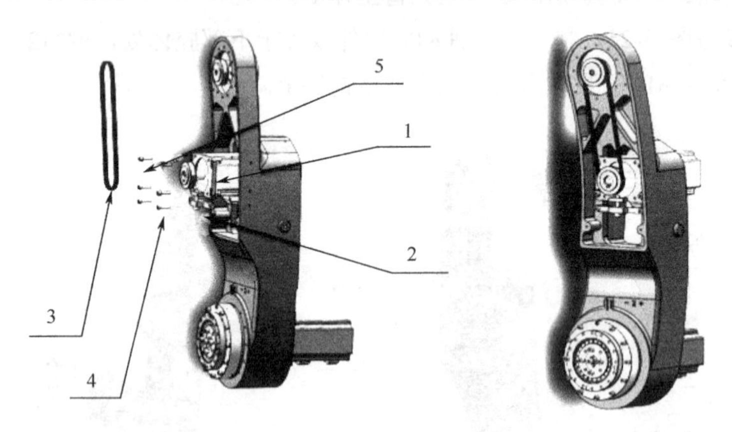

1—三轴动力组件；2—三轴带轮张紧板；3—三轴同步带；

4—平垫圈 M4；5—内六角螺钉 M4×16

图 2-27　大臂组件装配 3

（2）小臂主体装配

步骤一，参考图 2-28，将四轴从动带轮套入谐波减速器轴套上，取 3 个内六角螺钉 M3×6 把同步带轮锁紧至轴套上。

步骤二，参考图 2-28，将谐波减速器部件缓慢放入四轴主体内，取 12 套内六角螺钉 M3×40 及弹簧垫圈 M3 锁紧谐波减速器至主体上，注意谐波减速器外圈配合处，安装时不能偏置。

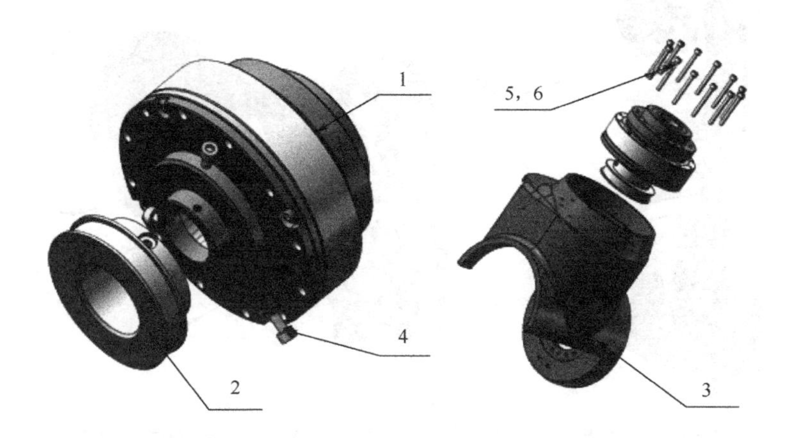

1—四轴谐波减速器；2—四轴同步带；3—四轴结构件；4—内六角螺钉 M3×6；

5—内六角螺钉 M3×40；6—弹簧垫圈 M3

图 2-28　四轴主体装配

步骤三，参考图 2-29，将四轴电机安装板按图示方向安装至电机法兰盘上，取 2 套内六角螺钉 M4×12 及弹簧垫圈 M4 锁紧电机至安装板上。

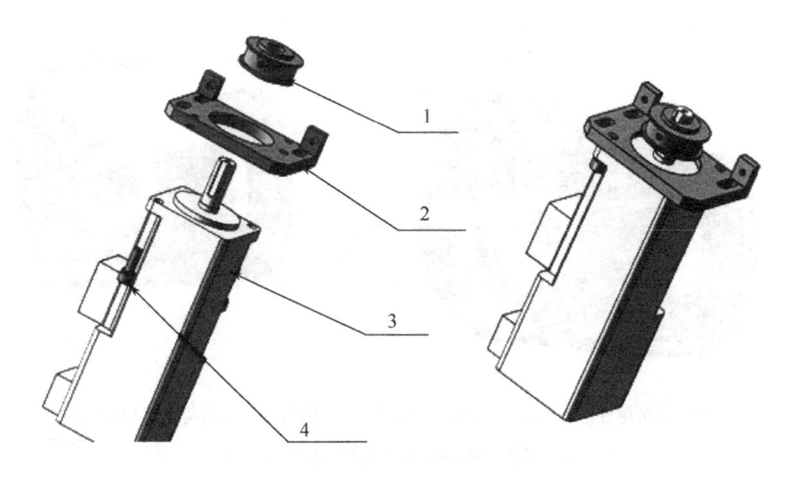

1—四轴主同步带轮；2—四轴电机安装板；3—100W 电机（带刹车）；

4—内六角螺钉 M4×12

图 2-29　四轴动力组件装配

步骤四，参考图 2-29，将四轴主同步带轮安装至电机主轴上，拧紧内部两颗紧固螺钉。

步骤五，参考图 2-30，将四轴组件整体安装至三轴谐波柔轮上，安装到位，防止偏置。

步骤六，参考图 2-30，取 12 套内六角螺钉 M3×25 及弹簧垫圈 M3 将四轴组件锁附到前三轴主结构体上。

步骤七，参考图 2-31，将四轴动力组件按图示方向套入四轴同步带，并套入从动带轮。

步骤八，参考图 2-31，取 3 套内六角螺钉 M4×12 及弹簧垫圈 M4 将四轴动力组件锁附到四轴结构件台阶上，不必锁紧。

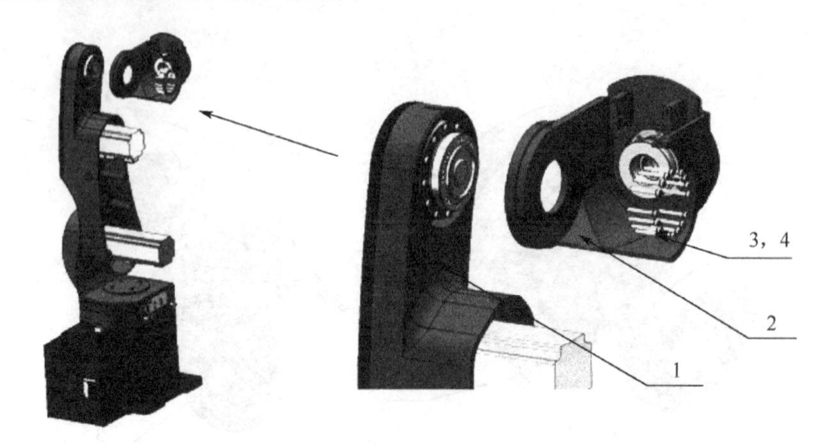

1—前三轴主结构体；2—四轴组；3—内六角螺钉 M3×25；4—弹簧垫圈 M3

图 2-30　四轴结构组件装配

步骤九，参考图 2-31，取 2 个内六角螺钉 M3×6 锁定到电机安装板上，同时调整并绷紧同步带。

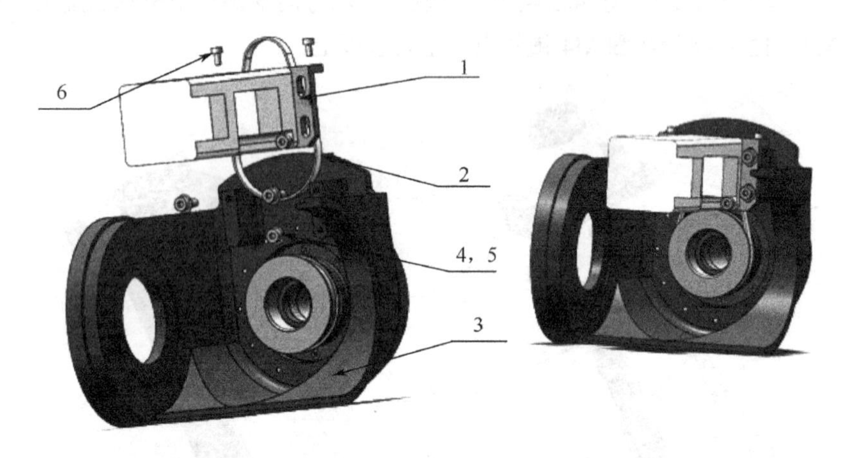

1—四轴电机组件；2—四轴同步带；3—四轴动力组件；4—内六角螺钉 M4×12；

5—弹簧垫圈 M4；6—内六角螺钉 M3×6

图 2-31　四轴整体装配

（3）大臂（二、三、四轴）防护盖的安装

步骤一，参考图 2-32，取 2 套内六角螺钉 M3×8 及平垫圈 M3 将线缆固定架固定至图示位置。

步骤二，参考图 2-32，取 2 套内六角螺钉 M3×8 及平垫圈 M3 将二轴过线保护套固定至图示位置。

步骤三，参考图 2-32，取 3 个内六角螺钉 M6×60 锁定大臂右侧至大臂主体上。

步骤四，参考图 2-33，取 2 个内六角螺钉 M3×8 将线缆固定架固定至图示位置。

步骤五，参考图 2-33，取 4 个内六角螺钉 M3×16 锁定大臂至右外壳。

步骤六，参考图 2-33，取 4 个内六角螺钉 M3×16 锁定大臂至左外壳。

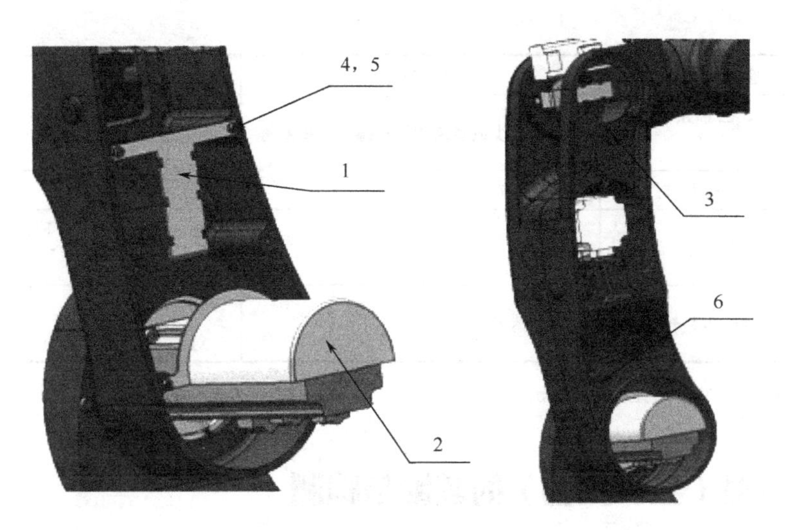

1—线缆固定架；2—二轴过线保护套；3—大臂主体右侧；4—内六角螺钉 M3×8；
5—平垫圈 M3；6—内六角螺钉 M6×60

图 2-32　大臂右侧结构件装配

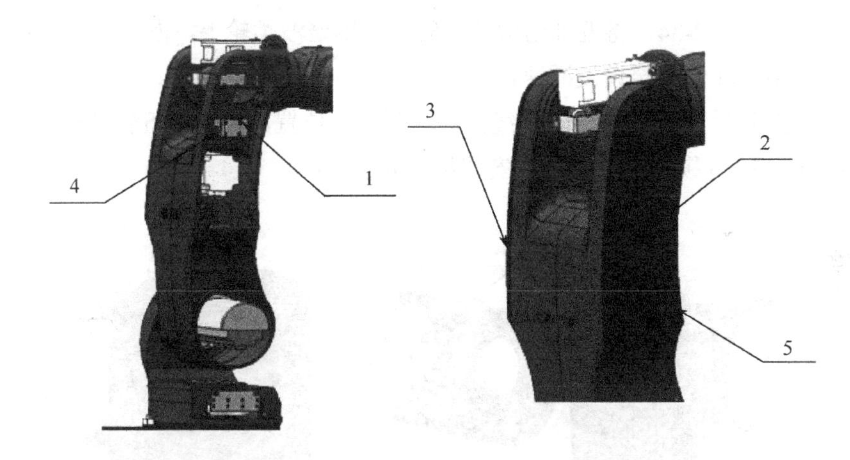

1—线缆固定架 2；2—大臂右外壳；3—大臂左外壳；4—内六角螺钉 M3×8；5—内六角螺钉 M4×16

图 2-33　大臂外罩装配

2. 大臂及小臂（二、三、四轴）装配后的检测

按照表 2-15 所列项目对装配好的二、三、四轴进行检测，以表格中的检测内容作为考量项目，检测机器人二、三、四轴的机械部分是否安装复位。

表 2-15　大臂及小臂装配后的检测表

步骤	检测对象	检测内容	检测要点	检测结果
1	二、三、四轴整体	是否完整	不缺零件	
2	二、三、四轴紧固件	连接是否牢靠	内六角扳手长端拧不动	

续表

步骤	检测对象	检测内容	检测要点	检测结果
3	二、三、四轴紧固件和连接件	是否缺少或多余螺钉、螺母、垫圈等		
4	二、三、四轴整体	位置、方向是否正确	对比装配图纸	
5	二、三轴同步带	松紧度	压力为 100N，压下量在 3mm 左右	
6	二、三轴同步带轮	固定情况	轴向固定 对齐	

注：紧固件的松紧可通过力矩扳手或电动工具来检测。

三、手腕（五、六轴）的装配与检测

1．手腕（五、六轴）的装配

（1）五轴主体安装步骤

步骤一，参考图 2-34，将五轴结构件安装至四轴谐波柔轮上，取 12 套内六角螺钉 M3×25 及弹簧垫圈 M3 锁附至谐波减速器上。

步骤二，参考图 2-34，将五轴过线架锁定到图示位置，锁定至五轴结构件内部，取 2 个内六角螺钉 M3×6 锁紧，注意线架安装尽量处于中心。

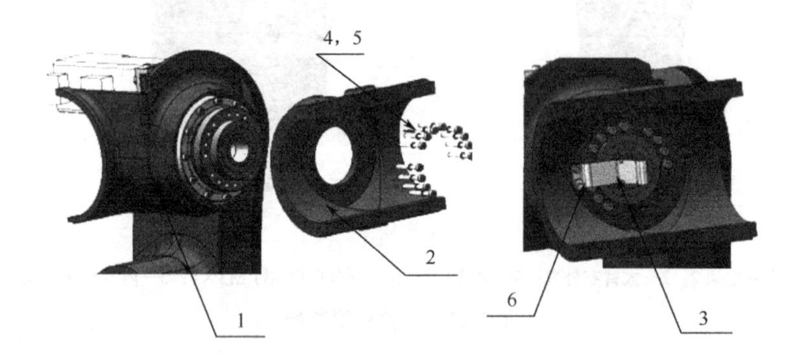

1—前四轴装配体；2—五轴结构件；3—五轴过线架；4—内六角螺钉 M3×25；5—弹簧垫圈 M3；6—内六角螺钉 M3×6

图 2-34　五轴结构件装配

步骤三，参考图 2-35，将五轴电机安装板安装至电机法兰上，取 2 套内六角螺钉 M4×10 及弹簧垫圈将电机锁紧。

步骤四，参考图 2-35，将五轴主同步带轮套入电机主轴，锁定内部 2 各紧固螺钉。

步骤五，参考图 2-36，将五轴动力组件安装到左侧板上，取 4 套内六角螺钉 M4×14 及弹簧垫圈 M4 锁紧到左侧板上。

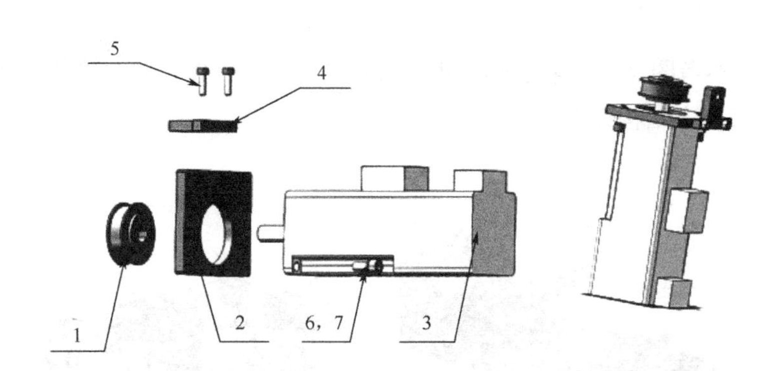

1—五轴同步带轮；2—五轴电机安装板；3—100W 电机；4—张紧连接板；
5—内六角螺钉 M3×10；6—内六角螺钉 M4×10；7—弹簧垫圈 M4

图 2-35　五轴动力组件

1—五轴左侧板；2—五轴动力组件；3—支撑板；4—五轴谐波减速器；5—五轴主同步带轮；
6—五轴张紧板；7—内六角螺钉 M4×25；8—内六角螺钉 M3×12；9—内六角螺钉 M3×25；
10—内六角螺钉 M3×10；11—内六角螺钉 M4×116；12—弹簧垫圈 M4

图 2-36　五轴左侧板组件

步骤六，参考图 2-36，取 2 个内六角螺钉 M3×12 锁紧张紧块至左侧板上，并取 1 个内六角螺钉 M4×25 连接到电机安装板上，不用锁紧，防止磕碰电机。

步骤七，参考图 2-36，将支撑板固定至图示位置，取 4 个内六角螺钉 M3×10 锁定支撑板至左侧板上。

步骤八，参考图 2-37，将五轴从同步带轮锁定至五轴谐波输出轴上，将谐波组件安装至图示左侧板位置，取 8 个内六角螺钉 M3×25 锁定谐波减速器至左侧板上，注意谐波外圈与侧板的配合。

步骤九，参考图 2-37，将同步带套入五轴主从带轮，拧紧张紧板上内六角螺钉，并检查皮带绷紧程度。

步骤十，参考图 2-37，拧紧连接电机安装板上 4 颗螺钉，使电机安装板与左侧板锁附完成。

步骤十一，参考图 2-37，将五轴电机外罩安装至图示位置，取 4 个内六角螺钉 M3×10 将其锁定到五轴主结构件上。

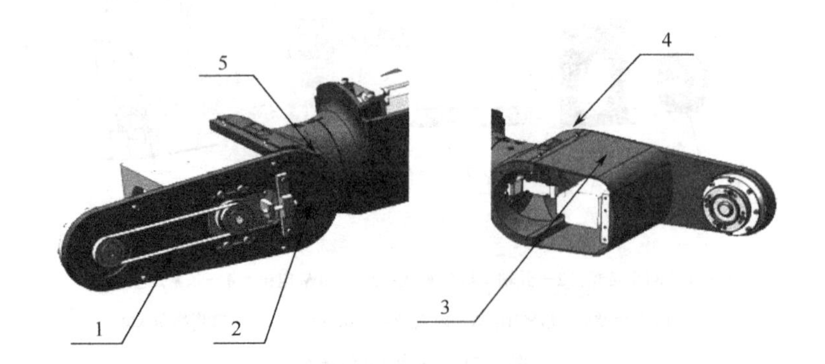

1—同步带；2—左侧板组件；3—五轴电机外壳；4—内六角螺钉 M3×10；5—内六角螺钉 M3×12

图 2-37　左侧板装配

（2）六轴主体安装步骤

步骤一，参考图 2-38，将六轴主结构件安装至五轴谐波柔轮上，取 8 内六角螺钉 M3×5 锁附至谐波减速器上。

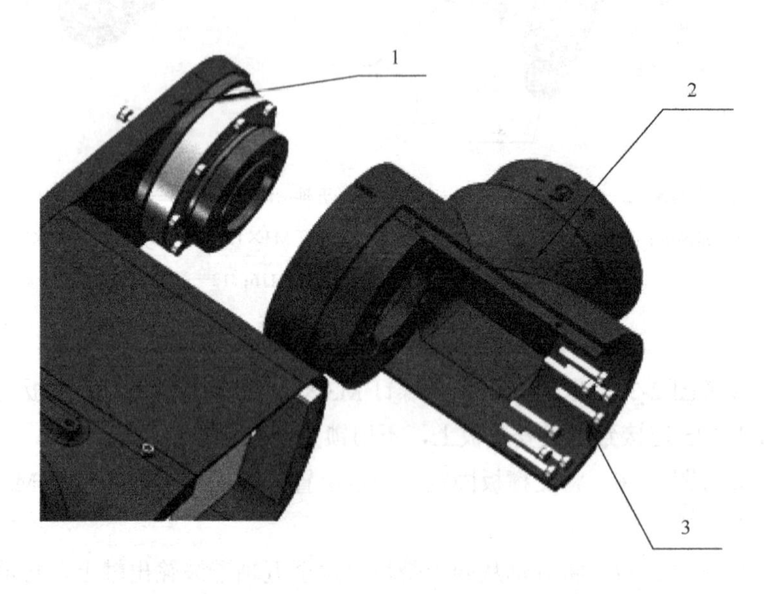

1—五轴主体；2—六轴主结构件；3—内六角螺钉 M3×5

图 2-38　六轴结构组件安装

步骤二，参考图 2-39，将六轴电机安装板如图示安装至电机法兰上，取 2 套内六角螺钉 M4×12 及弹簧垫圈 M4 将电机锁紧。

步骤三，参考图 2-39，将六轴套筒装入电机轴端，使用键连接，注意不要磕碰电机，用 2 个螺钉锁定套筒。

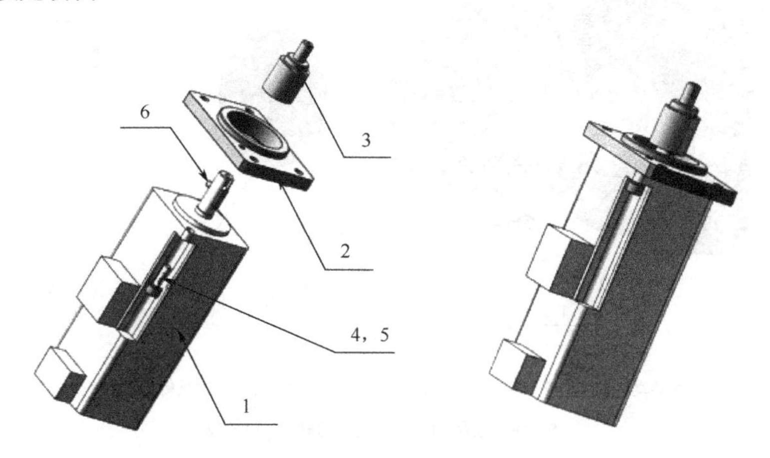

1—100W 电机（无刹车）；2—六轴电机安装板；3—六轴套筒；4—内六角螺钉 M4×12；
5—弹簧垫圈 M4；6—螺钉 M2×4

图 2-39　六轴电机组件装配

步骤四，参考图 2-40，将六轴动力组件如图安装至六轴结构件内，取 4 个内六角螺钉 M4×12 将动力组件锁定在六轴结构件上。

步骤五，参考图 2-40，将六轴谐波波发生器安装至套筒前端，取端盖安装至波发生器上端，取 1 个十字沉头螺钉将压盖锁定到套筒上。

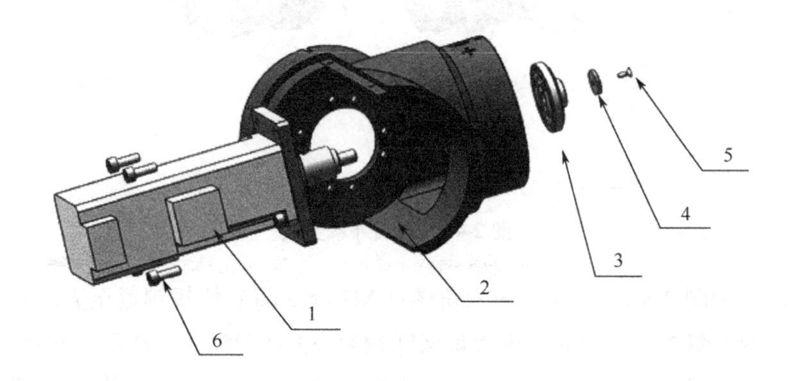

1—六轴动力组件；2—六轴结构件；3—六轴波发生器；4—六轴电机压盖；
5—十字沉头螺钉 M2×6；6—内六角螺钉 M4×12

图 2-40　六轴动力组件装配

步骤六，参考图 2-41，将六轴谐波刚轮安装至波发生器上，取 6 套内六角螺钉 M4×16 及弹簧垫圈 M4 锁紧谐波刚轮至结构件上。

步骤七，参考图 2-41，取 6 个内六角螺钉将末端法兰锁紧至谐波连接法兰上。

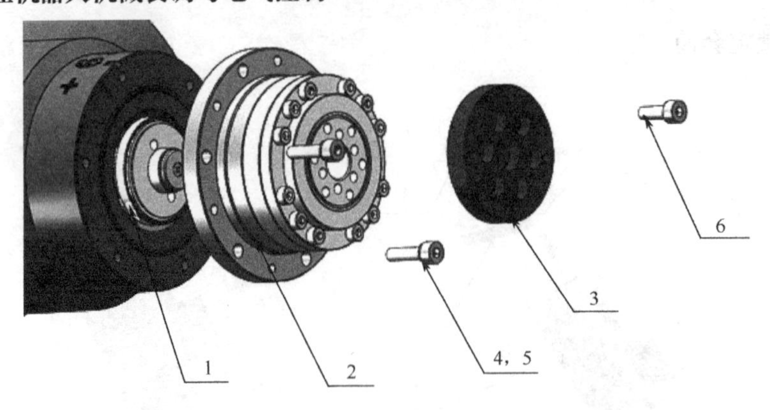

1—六轴动力组件；2—六轴谐波刚轮；3—末端法兰；4—内六角螺钉 M4×16；
5—弹簧垫圈 M4；6—内六角螺钉 M4×12

图 2-41　六轴谐波装配

（3）手腕（五、六轴）防护盖安装步骤

步骤一，参考图 2-42，取 4 个内六角螺钉将六轴电机外罩锁定到图示位置。

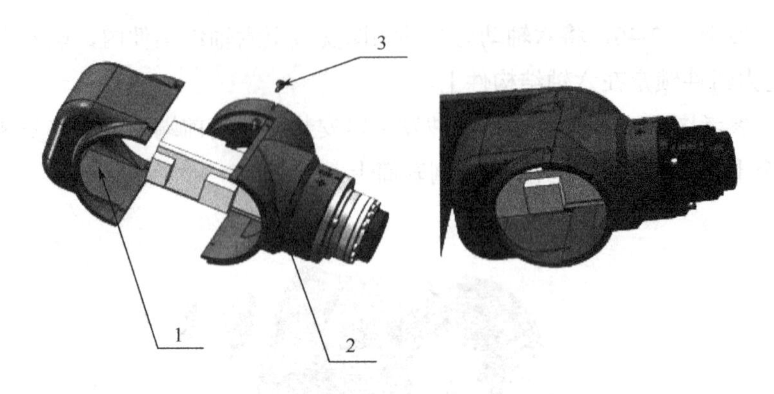

1—六轴电机外罩；2—六轴组件；3—内六角螺钉 M3×6

图 2-42　六轴外罩安装

步骤二，参考图 2-43，取 8 个内六角螺钉 M3×12 将右侧板锁紧至五轴结构件上。

步骤三，参考图 2-43，取 4 个内六角螺钉 M3×12 将右侧板锁紧到支撑板上。

步骤四，参考图 2-44，取 4 个内六角螺钉 M3×10 将五轴左侧外罩锁定到图示位置上。

步骤五，参考图 2-44，取 4 个内六角螺钉 M3×10 将五轴右侧外罩锁定到图示位置上。

步骤六，参考图 2-45，将二轴侧面防护盖放置至图示位置，取 4 个内六角螺钉 M4×10 将其锁紧至转座主体上。

步骤七，参考图 2-45，将腰关节主体防护盖安装至图示位置中，取 1 个内六角螺钉 M4×10 锁紧至侧面防护盖。

步骤八，参考图 2-46，将四轴外罩安装至四轴主结构件上，取 4 个内六角螺钉 M3×6 锁紧至主体上。

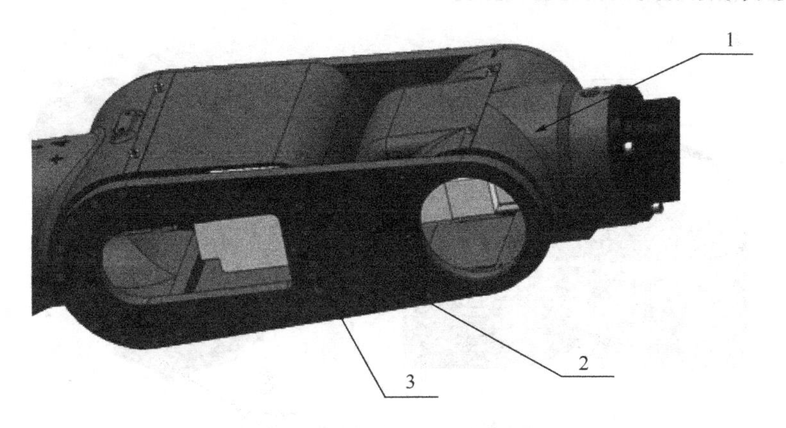

1—机器人主体；2—五轴右侧板；3—内六角螺钉 M3×12

图 2-43　五轴右侧板安装

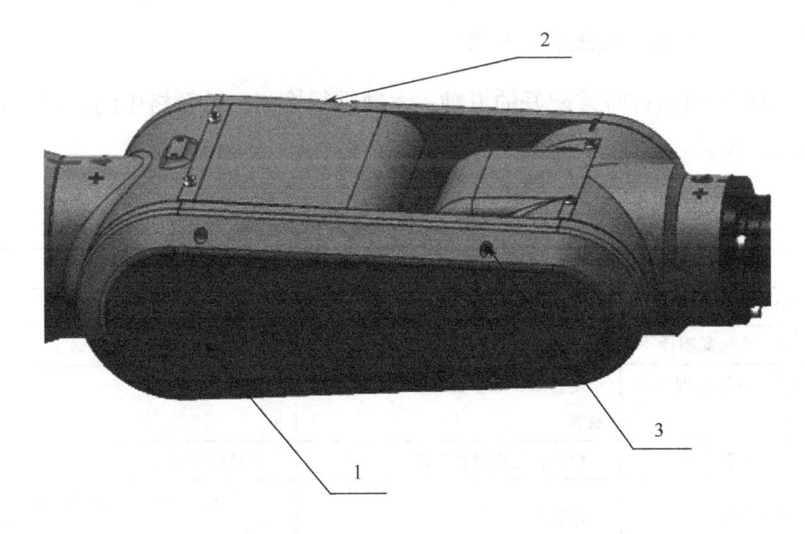

1，2—五轴外罩；3—内六角螺钉 M3×10

图 2-44　五轴外罩装配

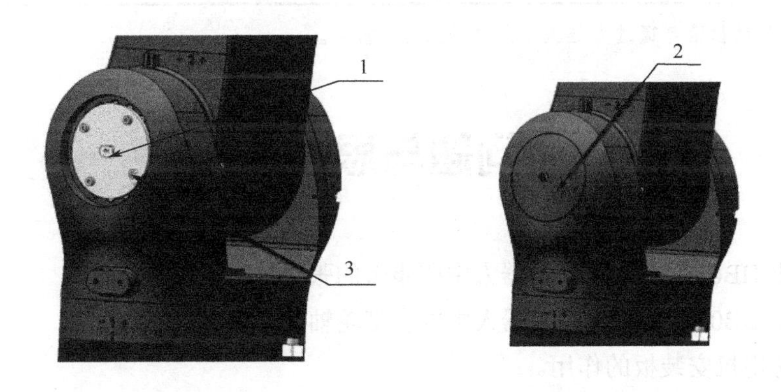

1—二轴侧面防护盖；2—腰关节转座主体；3—内六角螺钉 M4×10

图 2-45　腰关节外罩安装

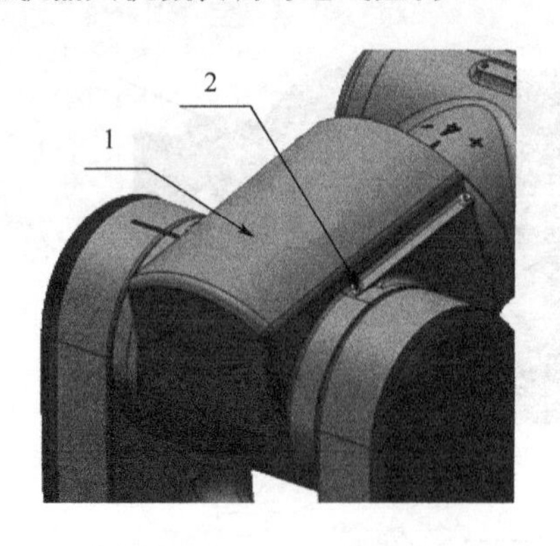

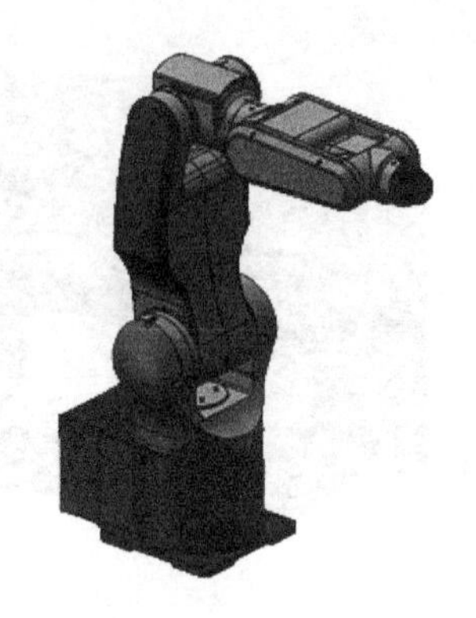

1—四轴外罩；2—内六角螺钉 M3×6

图 2-46　四轴外罩装配

步骤九，将机体表面擦拭干净，减少油污的污染。

2．手腕（五、六轴）装配后的检测

按照表 2-16 所列项目对装配好的五轴、六轴进行检测，以表格中的检测内容作为考量项目，检测机器人五、六轴的机械部分是否安装复位。

表 2-16　五、六轴装配后的检测表

步骤	检测对象	检测内容	检测要点	检测结果
1	五轴、六轴整体	是否完整	不缺零件	
2	五轴、六轴紧固件	连接是否牢靠	内六角扳手长端拧不动	
3	五轴、六轴紧固件和连接件	是否缺少或多余螺钉、螺母、垫圈等		
4	五轴、六轴整体	位置、方向是否正确	对比装配图纸	
5	五轴同步带	松紧度	压力为 100N，压下量在 10mm 左右	
3	五轴同步带轮	固定情况	轴向固定 对齐	

注：紧固件的松紧可通过力矩扳手或电动工具来检测。

问题与思考二

1．指出 HB03-760-C10 型机器人中同步带的张紧装置的构成零件。

2．指出 HB03-760-C10 型机器人中同步带轮轴向固定方式。

3．思考电机安装板的作用。

4．分别指出 HB03-760-C10 型机器人所使用的谐波减速器所属类型（按照输入轴形式分类）。

5．思考 R 型关节和 B 型关节的区分。

6．思考谐波减速器如何安装。

7．HB03-760-C10 型机器人在装配过程中有哪些地方需要配合？

8．谐波减速器为何使用脂润滑（相比其他润滑方式）？

9．同步带轮的轴向定位还可以用哪些方式实现？

单元三

工业机器人电力系统

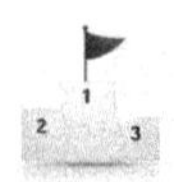

单元描述

工业机器人是一种高级机电一体化产品。通过前两个单元的学习，我们已经对工业机器人的基础知识与机械结构有了一定的了解。如同人类，机械结构给了机器人身体，而电气系统便是给它们注入灵魂。本单元主要对工业机器人的电力系统做详细的介绍。

单元目标

1. 电力系统的组成；
2. 电力系统各部分的作用；
3. 电力系统各核心部分的工作原理。

单元导引

机器人的电力系统为机器人动力部分（如电机、电磁阀、泵等）和控制部分（如传感器、电机驱动器、控制器等）提供电能，使其正常工作。

不同的机构和电器设备，需要提供不同电气参数的电力供应。如何正确稳定地提供电力，就是电力系统最主要的功能。

电能的产生和转换比较经济，电能的传输与分配比较容易；尤为突出的是，它可以远距离输送，可把某地生产的电能输送到几千里之外的地区；再者电能的使用与控制比较方便，易于实现自动化。因此，在现代社会中，电能的应用已经遍及各个行业中。同样，现在的工业机器人大部分是采用电能进行驱动的。

一、电力的输配——变压器

我国大部分工业现场供电为380V交流电，而我们使用的3kg机器人的主供电要求为220V交流电。为适应真正工业现场的供电系统和环境，就需要将电压控制到我们需要的参数。

变压器是电力系统中的重要电气设备，它是电力输配系统的核心装置，同时也是电气控制系统中不可缺少的元器件。下面，我们结合3kg可拆装机器人电力系统介绍单相变压器的工作原理和功能。

（一）变压器的工作原理

变压器是一种静止的装置，它是依靠磁耦合的作用，将一种等级的电压与电流转换成另一种等级的电压与电流，起着传递电能的作用。

下面以单项双绕组变压器为例分析其工作原理。

在一个闭合的铁芯上缠绕两个绕组，其匝数既可以相同，也可以不同，但一般是不同的。如图3-1所示，两个绕组之间有磁的耦合，而没有电的关系。

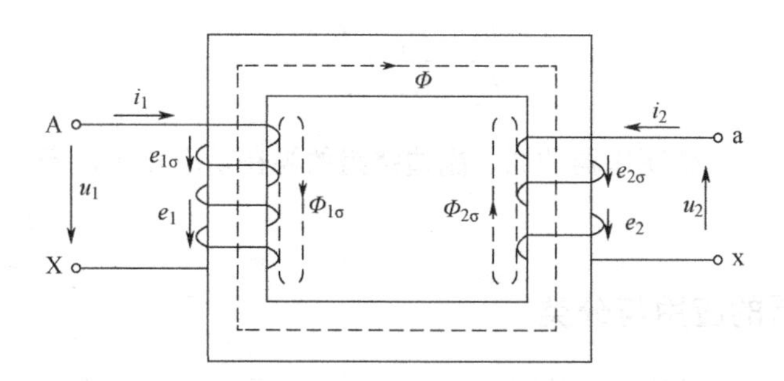

图3-1　单项双绕组变压器原理图

与电源相连的绕组，接收交流电能，通常称为原边绕组（初级绕组、一次绕组），以A、X标注其出线端；与负载相连的绕组，输出交流电能，通常称为副边绕组（次级绕组、二次绕组），以a、x标注其出线端。与原边绕组相关的物理量均以下角“1”来表示，与副边绕组相关的物理量均以下角“2”来表示。例如原边匝数、电压、电动势、电流分别以N_1、u_1、e_1、i_1来表示；副边的匝数、电压、电动势、电流分别以N_2、u_2、e_2、i_2来表示。对一台降压变压器而言，原边绕组即为高压绕组，副边绕组则是低压绕组；与此相反，升压变压器的高压绕组指的是副边绕组。

当原边绕组接通电源，便会在铁芯中产生与电源电压同频率的交变磁通Φ。忽略漏磁，该磁通便同时与原、副边绕组相交链，耦合系数k_c=1，这样的变压器称为理想变压器。根据电磁感应定律，原、副边绕组便会感应出电动势，分别为

$$e_1 = -N_1 \frac{\mathrm{d}\Phi}{\mathrm{d}t} \tag{3.1}$$

$$e_2 = -N_2 \frac{\mathrm{d}\Phi}{\mathrm{d}t} \tag{3.2}$$

于是可得电动势比$k=\frac{e_1}{e_2}$。若磁通、电动势均按正弦规律变化，k称为变压器的变比，也称匝比，通常用有效值之间的比值来表示，$k=\frac{E_1}{E_2}$。

当副边绕组开路（即空载）时，如忽略压降（仅占u_1的0.01%不到），则有：

$$u_1 = e_1 \tag{3.3}$$

$$u_2 = e_2 \tag{3.4}$$

不计铁芯中由磁通Φ交变所引起的损耗，根据能量守恒原理，可得

$$U_1 I_1 = U_2 I_2 \tag{3.5}$$

由此可以看出：

$$\frac{E_1}{E_2} = \frac{U_1}{U_2} = \frac{I_1}{I_2} = k$$

式（3.5）表明，理想变压器的原、副边绕组的视在功率相等，变压器的视在功率称为变压器的容量。

（二）变压器的应用与分类

作为电能传输或信号传输的装置，变压器在电力系统和自动化控制系统中得到了广泛的应用。在国民经济的其他部门，作为特种电源或为满足特殊的需求，变压器也发挥着重要的作用。它的种类很多，容量小的只有几伏安，大的可达到数十万伏安；电压低的只有几伏，高的可达几十万伏。如果按变压器的用途来分类，其中应用最广泛的变压器为电力变压器、仪用互感变压器和其他特殊用途的变压器；如果按相数可以分为电箱和三相变压器。不管如何分类，其工作原理及性能都是一样的。

（三）变压器的额定值（铭牌数据）

按照国家标准规定，标志在铭牌上的、代表变压器在规定使用环境和运行条件下的主要技术参数，称为变压器的额定值（或称为铭牌数据），主要有：

（1）额定容量　变压器在正常运行时的视在功率，通常以S_N来表示，单位为伏安（V·A）或千伏安（kV·A）。对于一般的变压器，原、副边的额定容量都设计成相等。

（2）额定电压　在正常运行时，规定加在原边绕组上的电压，称为原边的额定电压，

以 U_{1N} 来表示。当副边绕组开路（即空载），原边绕组加额定电压时，副边绕组测定电压即为副边额定电压，以 U_{2N} 来表示。在三相变压器中，额定电压是指线电压，电位为伏（V）或千伏（kV）。

（3）额定电流　是指根据额定容量和额定电压计算出来的电流值。原、副边的额定电流分别用 I_{1N}、I_{2N} 来表示，单位为安（A）。

（4）额定频率　我国以及大多数国家规定 f_N=50Hz。额定容量、额定电压和额定电流之间的关系为

$$\text{单相变压器：} S_N = U_{1N}I_{1N} = U_{2N}I_{2N}$$

$$\text{三相变压器：} S_N = \sqrt{3}U_{1N}I_{1N} = \sqrt{3}U_{2N}I_{2N}$$

此外，变压器的铭牌上还一般会标注效率、温升、绝缘等级等。

通过以上的学习，要求学习者对变压器的基本原理有所理解。可以读懂变压器铭牌信息，并且可以根据电源侧电气参数和负载要求的电气参数，选择合适的变压器。

二、电力的变换——电力电子技术

（一）什么是电力电子技术

电力电子技术是一门新兴的应用于电力领域的电子技术，就是使用电力电子器件（如晶闸管、GTO、IGBT 等）对电能进行变换和控制的技术。电力电子技术所变换的“电力”功率可大到数百 MW，甚至 GW，也可以小到数 W，甚至 1W 以下。和以信息处理为主的信息电子技术不同，电力电子技术主要用于电力变换。

（二）电力电子技术的应用

通常所用的电力有交流和直流两种。从公用电网直接得到的电力是交流的。从蓄电池和干电池得到的电力是直流的。从这些电源得到的电力往往不能直接满足要求，需要进行电力变换。电力变换的种类见表 3-1。

表 3-1　电力变换的种类

输出\输入	交流	直流
直流	整流	直流斩波
交流	交流电力控制 变频、变相	逆变

电力变换通常可分为四大类，即交流变直流、直流变交流、直流变直流和交流变交流。交流变直流称为整流，直流变交流称为逆变。直流变直流是指一种电压（或电流）的直流变为另一种电压（或电流）的直流，可用直流斩波电路实现。交流变交流可以是电压或电

力的变换，称为交流电力控制，也可以是频率或相数的变换。进行上述电力变换的技术称为变流技术。

3kg 可拆装机器人的电力系统中，需要交流电为动力部分供电，也需要直流电为控制系统供电。下面介绍用于交流变直流的整流电路和直流变直流的斩波电路的作用和原理。

（三）整流电路

整流电路（rectifying circuit）是把交流电能转换为直流电能的电路。大多数整流电路由变压器、整流主电路和滤波器等组成。主电路多用硅整流二极管和晶闸管组成。滤波器接在主电路与负载之间，用于滤除脉动直流电压中的交流成分。变压器设置与否视具体情况而定。变压器的作用是实现交流输入电压与直流输出电压间的匹配以及交流电网与整流电路之间的电隔离。

整流电路的作用是将交流降压电路输出的电压较低的交流电转换成单向脉动性直流电，这就是交流电的整流过程。整流电路主要由整流二极管组成。经过整流电路之后的电压已经不是交流电压，而是一种含有直流电压和交流电压的混合电压，习惯上称单向脉动性直流电压。

下面，我们对单相可控整流电路的工作原理、相关计算进行介绍。

1. 单相半波可控整流电路

图 3-2 所示为单相半波可控整流电路的原理图及带电阻负载时的工作波形。图 3-2（a）中，变压器 T 起变换电压和隔离的作用，其一次和二次电压瞬时值分别用 u_1 和 u_2 表示，有效值分别用 U_1 和 U_2 表示，其中 U_2 的大小根据需要的直流输出电压 u_d 的平均值 U_d 确定。

电阻负载的特点是电压与电流成正比，两者波形相同。

在晶闸管 VT 处于断态时，电路中无电流，负载电阻两端电压为零，u_2 全部施加在 ωt_1 时刻给 VT 门极加触发脉冲，如图 3-2（c）所示，则 VT 开通。忽略晶闸管通态降压，则直流输出电压瞬时值 u_d 与 u_2 相等。至于 $\omega t=\pi$，即 u_2 降为零时，电路中电流亦降至零，VT 关断，之后 u_d 和 I_d 均为零。图 3-2（d）、（f）分别给出了 u_d 和晶闸管两端电压 u_{VT} 的波形。I_d 的波形与 u_d 波形相同。

改变触发时刻，u_d 和 i_d 波形随之改变，镇流输出电压 u_d 为极性不变点瞬时值变化的脉动直流，其波形只在 u_2 正半周内出现，故称“半波”整流。加之电路中采用了可用期间晶闸管，交流输入为单相，故电路称为单相半波可控整流电路。整流电压 u_d 波形在一个电源周期中脉动 1 次，故称电路为单脉波整流电路。

从晶闸管开始承受正向阳极电压起到施加触发脉冲止的电角度称为触发延迟角，用 α 表示，也称触发角或控制角。晶闸管在一个电源周期中处于通态的电角度称为导通角，用 θ 表示，$\theta=\pi-\alpha$。直流输出电压平均值为

$$U_d=\frac{1}{2\pi}\int_{\alpha}^{\pi}\sqrt{2}U_2\sin\omega t\mathrm{d}(\omega t)=\frac{\sqrt{2}U_2}{2\pi}(1+\cos\alpha)=0.45U_2\frac{1+\cos\alpha}{2} \tag{3.6}$$

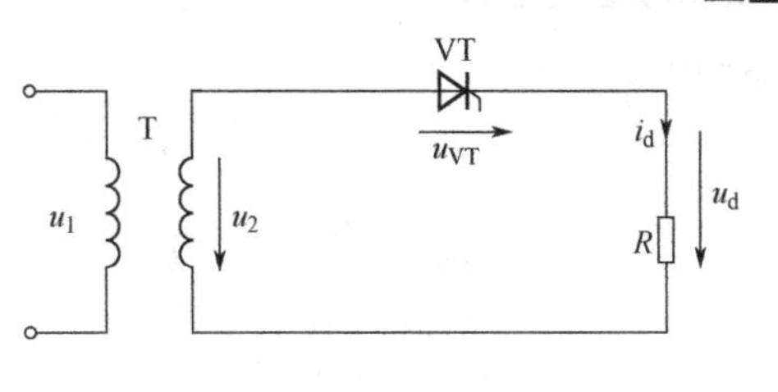

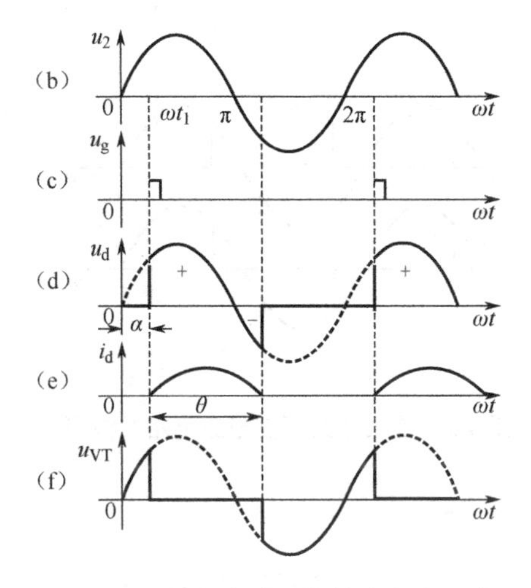

图 3-2　单相半波可控整流电路及波形

α=0 时，整流输出电压平均值为最大，用 U_{d0} 表示，$U_d=U_{d0}=0.45U_2$。随着 α 增大，U_d 减少，当 $\alpha=\pi$ 时，$U_d=0$，该电路中 VT 的 α 移相范围为 0～180°。可见，调节 α 角即可控制 U_d 的大小。这种通过控制触发脉冲的相位来控制直流输出电压大小的方式称为相位控制方式，简称相控方式。

单相半波可控整流电路的特点是电路简单，但输出脉动大，变压器二次侧电流中含直流分量，造成变压器铁芯被直流磁化。为使变压器铁芯不饱和，需要增大铁芯的面积，这样就增大了设备的容量。实际中很少应用此种电路。分析该电路的主要目的在于利用其简单易学的特点，建立起可控整流电路的基本概念。

2．单相全波可控整流电路

单相全波可控整流电路也是一种常用的单项可控整流电路，又称单相双半波可控整流电路，其带电阻负载时的电路如图 3-3（a）所示。

单相全波可控整流电路中，变压器 T 带中心轴头，在 u_2 正半周，VT_1 工作，变压器二次绕组上半部分流过电流；在 u_2 负半周，VT_2 工作，变压器二次绕组下半部分流过反方向的电流。晶闸管承受的最大正向电压和反向电压分别为 $\frac{\sqrt{2}}{2}U_2$ 和 $\sqrt{2}U_2$。

由于在交流电源的正负半周都有整流输出电流流过负载，故电路为全波整流。在 u_2 一个周期内，整流电压波形脉动 2 次，脉动次数多于半波整流电路，该电路属于双脉波整流电路。变压器二次绕组中，正负两个半周电流方向相反且波形对称，平均值为零，即直流分量为零。图 3-3（b）给出了 u_d 和变压器一次侧的电流 i_1 的波形。变压器也不存在直流磁化的问题，变压器绕组的利用率较高。

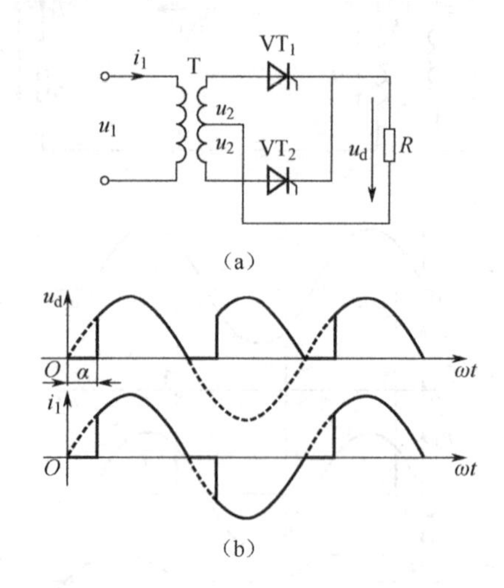

图 3-3　单相全波可控整流电路及波形

整流电压平均值为

$$U_{\mathrm{d}}=\frac{1}{2\pi}\int_{\alpha}^{\pi}\sqrt{2}U_2\sin\omega t\mathrm{d}(\omega t)=\frac{2\sqrt{2}U_2}{\pi}\frac{1+\cos\alpha}{2}=0.9U_2\frac{1+\cos\alpha}{2} \tag{3.7}$$

α=0 时，$U_{\mathrm{d}}=U_{\mathrm{d0}}=0.9U_2$；$\alpha$=180° 时，$U_{\mathrm{d}}$=0。可见，α 角的取值范围为 0～180°。

向负载输出的直流平均值为

$$I_{\mathrm{d}}=\frac{U_{\mathrm{d}}}{R}=\frac{2\sqrt{2}U_2}{\pi R}\frac{1+\cos\alpha}{2}=0.9\frac{U_2}{R}\frac{1+\cos\alpha}{2} \tag{3.8}$$

晶闸管 $\mathrm{VT_1}$ 和 $\mathrm{VT_2}$ 轮流导电，流过晶闸管的电流平均值为输出电流平均值的一半，即

$$I_{\mathrm{dVT}}=\frac{1}{2}I_{\mathrm{d}}=0.45\frac{U_2}{R}\frac{1+\cos\alpha}{2} \tag{3.9}$$

为选择晶闸管、变压器容量、导线截面积等定额，需要考虑发热问题，为此需计算电流有效值。流过晶闸管的电流有效值为

$$I_{\mathrm{VT}}=\sqrt{\frac{1}{2}\int_{\alpha}^{\pi}\left(\frac{\sqrt{2}U_2}{R}\sin\omega t\right)^2\mathrm{d}(\omega t)}=\frac{U_2}{\sqrt{2}R}\sqrt{\frac{1}{2}\sin2\alpha+\frac{\pi-\alpha}{\pi}} \tag{3.10}$$

变压器二次电流有效值 I_2 与输出直流电流有效值 I 相等，为

$$I=I_2=\sqrt{\frac{1}{\pi}\int_{\alpha}^{\pi}\left(\frac{\sqrt{2}U_2}{R}\sin\omega t\right)^2\mathrm{d}(\omega t)}=\frac{U_2}{R}\sqrt{\frac{1}{2\pi}\sin2\alpha+\frac{\pi-\alpha}{\pi}} \tag{3.11}$$

由式（3.10）和式（3.11）可见

$$I_{VT}=\frac{1}{\sqrt{2}}I \tag{3.12}$$

不考虑变压器的损耗时，要求变压器的容量为$S=U_2I_2$。

单相全波电路适宜于在低输出电压的场合应用，符合3kg机器人控制系统的供电要求。

（四）斩波电路

直流斩波电路（DC Chopper）的功能是将直流电变为另一种固定的或可调的直流电，也称为直流-直流变换器（DC/DC Converter）。直流斩波电路一般是指直接将直流变成直流的情况，不包括直流-交流-直流的情况；直流斩波电路的种类很多，降压斩波电路、升压斩波电路是两种最基本电路。下面就对这两种斩波电路进行介绍。

1. 降压斩波电路

降压斩波电路的原理图及工作波形如图3-4所示。

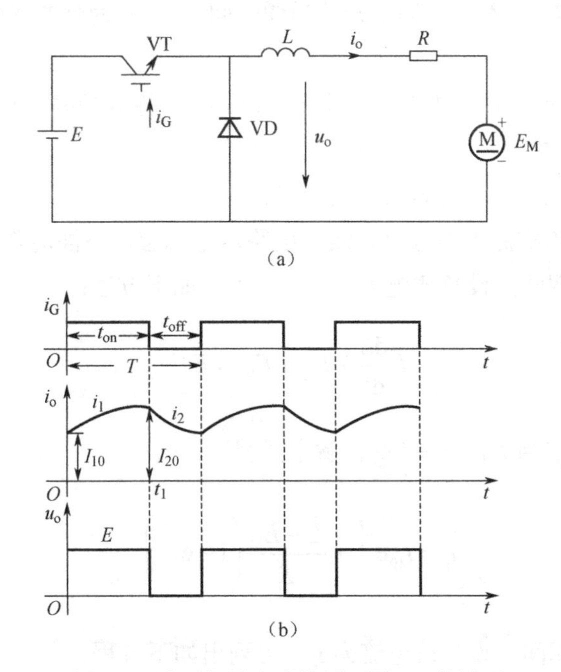

图3-4　降压斩波电路的原理图及工作波形

该电路使用一个全控型器件VT。图3-4中，为VT关断时给负载中的电感电流提供通道，设置了续流二极管VD。斩波电路的典型用途是拖动直流电动机，也可带蓄电池负载，两种情况下负载中均会出现反电动势，如图3-4（a）中E_M所示。如负载中无反向电动势时，只需令E_M=0。

由图3-4（b）中VT的栅射电压u_{GE}波形可知，在t=0时刻驱动VT导通，电源E向负载供电，负载电压u_o=E，负载电流i_o按指数曲线上升。

当t=t_1时刻，控制VT关断，负载电流经二极管VD续流，负载电压u_o近似为零，负载电流呈指数曲线下降。为了使负载电流连续且脉动小，通常串联 L 值较大的电感。

至一个周期 T 结束，再驱动 VT 导通，重复上一周期的过程。当电路工作于稳态时，负载电流在一个周期的初值和终值相等，如图 3-4（b）所示。负载电压的平均值为

$$U_o = \frac{t_{on}}{t_{on} + t_{off}} E = \frac{t_{on}}{T} E = \alpha E \tag{3.13}$$

式中，t_{on} 为 VT 通态的时间；t_{off} 为 VT 断态的时间；T 为开关周期；$\alpha = \frac{t_{on}}{t_{on} + t_{off}}$ 为导通占空比，也称检查占空比或导通比。

由式（3.13）可知，输出到负载的电压平均值 U_o 最大为 E，若减小占空比 a，则 U_o 随之减小。因此该电路称为降压斩波电路，也有很多文献中直接使用英文名称，称为 Buck 变换器（Buck Converter）

根据对输出电压平均值进行调制的方式不同，斩波电路可有三种控制方式：

（1）保持开关周期 T 不变，调节开关导通时间 t_{on}，称为脉冲宽度调制（PWM）或脉冲宽度型。

（2）保持开关导通时间 t_{on} 不变，改变开关周期 T，称为频率调制或调频型。

（3）t_{on} 和 T 都可调，使占空比改变，称为混合型。

以上三种控制方式中第一种方式应用最多。

基于电力电子电路实际上是分时段线性电路这一思想，下面对降压电路进行解析。

在 VT 处于通态期间，设负载电流为 i_1，可列出如下方程：

$$L\frac{\mathrm{d}i_1}{\mathrm{d}t} + Ri_1 + E_M = E \tag{3.14}$$

设此阶段电流初值为 I_{10}，$\tau = L/R$，解上式得

$$i_1 = I_{10}\mathrm{e}^{-\frac{t}{\tau}} + \frac{E - E_M}{R}\left(1 - \mathrm{e}^{-\frac{t}{\tau}}\right) \tag{3.15}$$

在 VT 处于断态期间，设负载电流为 i_2，可列出如下方程：

$$L\frac{\mathrm{d}i_2}{\mathrm{d}t} + Ri_2 + E_M = 0 \tag{3.16}$$

设此阶段电流初值为 I_{20}，解上式得

$$i_2 = I_{20}\mathrm{e}^{-\frac{t-t_{on}}{\tau}} - \frac{E_M}{R}\left(1 - \mathrm{e}^{-\frac{t-t_{on}}{\tau}}\right) \tag{3.17}$$

当电流连续时，有

$$I_{10}=i_2(t_2) \tag{3.18}$$

$$I_{20}=i_1(t_1) \tag{3.19}$$

即 VT 进入通态时的电流初值就是 VT 在断态阶段结束时的电流值；反过来，VT 进入断态时的电流初值就是 VT 在通态阶段结束时的电流值。

由式（3.15）、（3.17）、（3.18）、（3.19）得出：

$$I_{10}=\left(\frac{e^{t_1/\tau}-1}{e^{T/\tau}-1}\right)\frac{E}{R}-\frac{E_M}{R}=\left(\frac{e^{\alpha\rho}-1}{e^{\rho}-1}-m\right)\frac{E}{R} \tag{3.20}$$

$$I_{10}=\left(\frac{e^{-t_1/\tau}-1}{e^{-T/\tau}-1}\right)\frac{E}{R}-\frac{E_M}{R}=\left(\frac{e^{\alpha\rho}-1}{e^{\rho}-1}-m\right)\frac{E}{R} \tag{3.21}$$

式中，$\rho=T/\tau$；$m=E_M/E$；$t_1/\tau=\left(\frac{t_1}{T}\right)\left(\frac{T}{\tau}\right)=\alpha\rho$。

由图 3-4 可知，I_{10} 和 I_{20} 分别是负载电流瞬时值的最小值和最大值。

将式（3.20）和式（3.21）用泰勒级数近似，可得

$$I_{10}\approx I_{20}\approx\frac{(\alpha-m)E}{R}=I_o \tag{3.22}$$

式（3.22）表示了平波电抗器 L 为无穷大，负载电流完全平直时的负载电流平均值 I_o，此时负载电流最大值、最小值均等于平均值。

以上关系还可以从能量传递关系简单推导得到。由于 L 为无穷大，故负载电流维持为 I_o 不变。电源只在 VT 处于通态时提供能量，为 EI_ot_{on}。从负载看，在整个周期 T 中负载一直在消耗能量，消耗能量为$\left(RI_0{}^2T+E_MI_oT\right)$。一个周期中，忽略电路中的损耗，则电源提供的能量与负载消耗的能量相等，即

$$EI_ot_{on}=RI_o{}^2\mathrm{T}+E_MI_o\mathrm{T} \tag{3.23}$$

则

$$I_o=\frac{\alpha E-E_M}{R} \tag{3.24}$$

与式（3.22）结论一致。

在上述情况中，均假设 L 值为无穷大，且负载电流平直。这种情况下，假设电源电流平均值为 I_1，则有

$$I_1=\frac{t_{on}}{T}I_o=\alpha I_o \tag{2.25}$$

其值小于等于负载电流 I_o，由上式得

$$EI_1 = \alpha EI_o = U_o I_o \tag{3.26}$$

即输出功率等于输入功率，可将降压斩波器看作直流降压变压器。

若负载中 L 值较小，则有可能出现负载电流断续的情况。利用与前面类似的解析方法，对电流断续的情况进行解析。电流断续时有 $I_{10}=0$，且 $t=t_{on}+t_x$ 时，$i_2=0$，利用式（3.18）和式（3.19）可求出 t_x 为

$$t_x = \tau \ln\left[\frac{1-(1-m)e^{-\alpha\rho}}{m}\right] \tag{3.27}$$

电流断续时，$t_x < t_{off}$，由此得出电流断续的条件为

$$m > \frac{e^{\alpha\rho}-1}{e^{\rho}-1} \tag{3.28}$$

对于电路的具体工况，可据此式判断负载电流是否连续。

在负载电流断续工作情况下，负载电流一降到零，续流二极管 VD 立即关断，负载两端电压等于 E_M。输出电压平均值为

$$U_o = \frac{t_{on}E + (T - t_{on} - t_x)E_M}{T} = \left[\alpha + \left(1 - \frac{t_{on}+t_x}{T}\right)m\right]E \tag{3.29}$$

U_o 不仅和占空比 α 有关，也和反电动势 E_M 有关。

此时负载电流平均值为

$$I_o = \frac{1}{T}\left(\int_0^{t_{on}} i_1 \mathrm{d}t + \int_0^{t_x} i_2 \mathrm{d}t\right) = \left(\alpha - \frac{t_{on}+t_x}{T}m\right)\frac{E}{R} = \frac{U_o - E_M}{R} \tag{3.30}$$

2. 升压斩波电路

升压斩波电路的原理及工作波形如图 3-5 所示。该电路中也是使用一个全控型器件。

分析升压斩波电路的工作原理时，首先假设电路中电感 L 值很大，电容 C 值也很大。当 VT 处于通态时，电源 E 向电感 L 充电，充电电流基本恒定为 I_1，电容 C 上的电压向负载 R 供电，因 C 值很大，基本保持输出电压 u_o 为恒值，记为 U_o。设 VT 处于断态时 E 和 L 共同向电容 C 充电，并向负载 R 提供能量。设 VT 处于断态的时间为 t_{off}，则在此期间电感 L 释放的能量为 $(U_o - E)I_1 t_{off}$。当电路工作于稳态时，一个周期 T 中电感 L 积蓄的能量与释放的能量相等，即

$$EI_1 t_{on} = (U_o - E)I_1 t_{off} \tag{3.31}$$

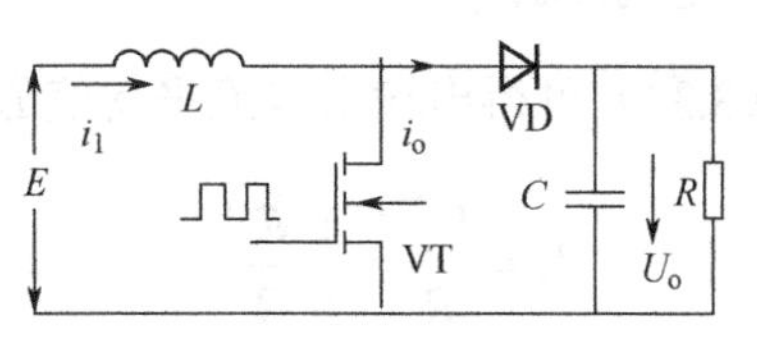

(a)

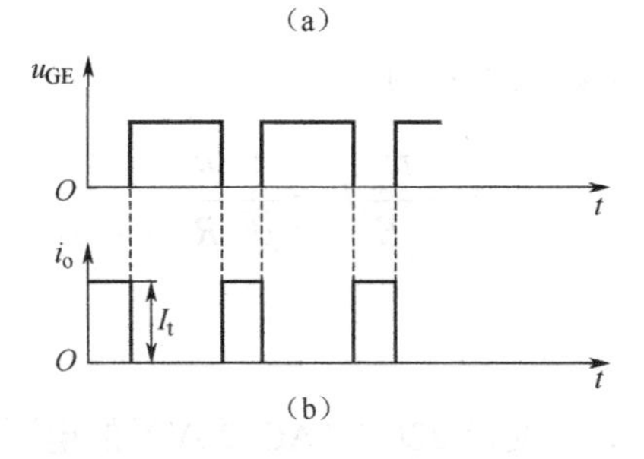

(b)

图 3-5　升压斩波电路原理及工作波形

简化得

$$U_o = \frac{t_{on} + t_{off}}{t_{off}} E = \frac{T}{t_{off}} E \tag{3.32}$$

上式中，$T/t_{off} \geqslant 1$，输出电压高于电源电压，故称该电路为升压斩波电路，也有的文献中直接采用其英文名称，称之为 Boost 变换器（Boost Converter）。

式（3.32）中 T/t_{off} 表示升压比，调节其大小，即可改变输出电压 U_o 的大小，与之前介绍的 Buck 电路中改变导通比的方法类似。将升压比的倒数记作 β，即 $\beta = \frac{t_{off}}{T}$，则 β 和导通比 α 有如下关系：

$$\alpha + \beta = 1 \tag{3.33}$$

因此，式（3.32）可表示为

$$U_o = \frac{1}{\beta} E = \frac{1}{1-\alpha} E \tag{3.34}$$

升压斩波电路之所以能使输出电压高于原电压，关键有两个原因：一是 L 储能时具有电压泵升的作用，二是电容 C 可将输出电压保持住。在以上分析中，认为 VT 处于通态期间因电容 C 的作用使得输出电压 U_o 不变，但实际上 C 值不可能为无穷大，在此阶段其向负载放电，U_o 必然会有所下降，故实际输出电压会略低于式（3.34）所得结果。不过在电容 C 值足够大时，误差很小，基本可以忽略。

如果忽略电路中的损耗，则由电源提供的能量仅由负载 R 消耗，即

$$EI_1 = U_o I_o \tag{3.35}$$

式（3.35）表明，与降压斩波电路一样，升压斩波电路也可以看成是直流变压器。

根据电路结构并结合式（3.34）可得出输出电流平均值I_o为

$$I_o = \frac{U_o}{R} = \frac{1}{\beta}\frac{E}{R} \tag{3.36}$$

由式（3.35）即可得出电源电流I_1为

$$I_1 = \frac{U_o}{E} I_o = \frac{1}{\beta^2}\frac{E}{R} \tag{3.37}$$

3．整流与斩波的应用

在 3kg 机器人控制柜中，以交流 220V（AC220V）的电源作为主电源，为电机和驱动器提供电力，而机器人的控制系统则是以直流 24V（DC24V）和直流 5V（DC5V）电源作为控制电力。如果采用独立电源为系统各部分单独供电，就需要交流电源、24V 蓄电池、5V 蓄电池。交流 220V 电源相对普遍，而 DC24V 和 DC5V 电源就需要蓄电池供电，不仅占用控制柜空间，还需解决充电和衰减的问题，显然是不合理的。

经过上述内容的学习，我们就有了新的思路来解决这个问题。

如图 3-6 所示为 3kg 机器人控制柜电力转换关系。

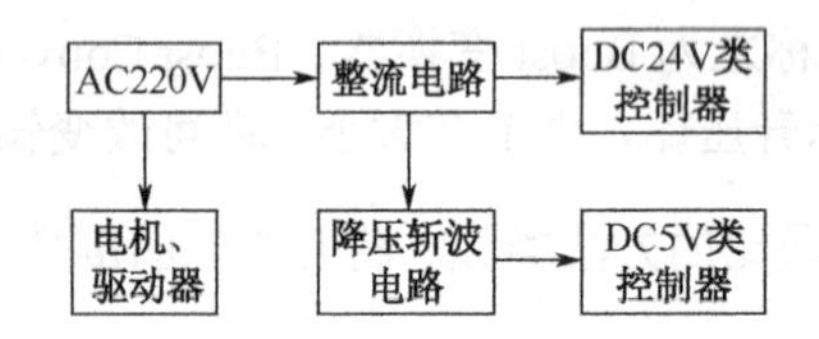

图 3-6　3kg 机器人控制柜电力转换关系

首先选用最为普遍的交流 220V（AC220V）电源作为整个系统的动力电源，原因很简单，电源获取方便。下面的问题便是如何将交流 220V（AC220V）转换为直流 24V（DC24V），为控制系统提供电力，那就要利用“整流”技术，将交流电转换为直流电。在控制系统中，有些特殊的元器件需要直流 5V（DC5V）作为动力和控制信号。那么，我们将经过整流电路得到的直流 24V（DC24V）电源经过“降压斩波”便能得到直流 5V（DC5V）电源。

在实际应用中，我们不需要自己设计整流电路和斩波电路，一般采用集成应用的方式，选择技术成熟、运行稳定的开关电源。按照输入、输出端口的定义，正确选型和接线，便能将单一电源进行转换，得到我们所需要的电源了。

下面就对两款开关电源进行介绍。

（1）交直流转换（AC-DC）开关电源

品牌：明纬。

型号：MDR-100-24。

参数：见表 3-2。

表 3-2 （AC-DC）开关电源参数表

名称	信息	说明
铭牌	MDR-100-24 INPUT：100-240VAC 50/60Hz	输出功率：100W 输出电压：DC24V 输入电源电压：AC100V～AC240V 输入电源频率：50Hz 或 60Hz
输入端口	N，L	N：零线；L：火线
输出端口	V+，V-	V+：24V；V-：0V

这是一个宽伏交流转直流 24V（DC24V）的开关电源。输入电压为 AC100V～AC240V，输出为直流 24V（DC24V），功率为 100W。以交流 220V（AC220V）为例，当输入端接通电源后，开关电源工作，此时输出端的电压为直流 24V（DC24V），可为需要直流 24V（DC24V）的电器进行供电。

注意：不要将输入电压（交流电源端）接在开关电源输出端（直流输出端）。

（2）直流降压（DC-DC）开关电源

品牌：HUIZHONG POWER TECHNOLOGY

型号：HZD50H-24S05。

参数：见表 3-3。

表 3-3 （DC-DC）开关电源参数表

名称	信息	说明
铭牌	INPUTI：18-36VDC OUTPUT：5VDC/10.0A	输出电压：DC24V 输入电源电压：DC18V～DC36V 最大输出电流：10.0A
输入端口	$+V_{in}$，$-V_{in}$	$+V_{in}$：电压输入端正极 $-V_{in}$：电压输入端负极
输出端口	$+V_o$，$-V_o$	$+V_o$：电压输出端正极 $-V_o$：电压输出端负极

这是一个直流降压（DC-DC）开关电源，输入电压为 DC18V～DC36V，输出为直流 5V（DC5V），最大输出电流为 10.0A。以直流 24V（DC24V）为例，当输入端接通电源后，开关电源工作，此时输出端的电压为直流 5V（DC5V），可为需要直流 5V（DC5V）的电器供电。

注意：电源正负极，更不要将输入电压（高电压端）接在输出端。

三、电力的转化——电机

在电能的产生、转换、传输、分配、使用与控制等方面，都必须通过能够进行能量（或信号）传递与变换的电磁机械装置，这些电磁机械装置被广义地称为电机。

通常所说的电机，是指那些利用电磁感应原理设计制造而成的，用于实现能量（或信号）传递与变换的电磁机械的统称。比如把机械能转化为电能的发电机、把电能转化为机械能的电动机、将电能进行转变的变压器以及应用于各类自动控制系统中的控制元件称为控制电机等。

对于 3kg 机器人来说，很显然，需要将电能转化为机械能，拖动机器人各关节运行，完成各种动作和任务。根据上文的介绍，我们知道将电能转换为机械能的电机有电动机和控制电机。

（一）电动机

电动机（Motor）是把电能转换成机械能的一种设备。它是利用通电线圈（也就是定子绕组）产生旋转磁场并作用于转子形成磁电动力旋转扭矩。电动机按使用电源不同分为直流电动机和交流电动机，电力系统中的电动机大部分是交流电机，可以是同步电机或者是异步电机。电动机主要由定子与转子组成，通电导线在磁场中受力运动的方向跟电流方向和磁感线（磁场方向）方向有关。电动机工作原理是磁场对电流受力的作用，使电动机转动。普通动力电动机的主要任务是实现能量转化，主要要求是提高电动机的能量转换效率，以及启动、调速等性能。可是对于机器人来说，普通电动机的精度低，无法达到机器人的要求，所以一般不使用电动机作为各轴的动力部件。

（二）控制电机

控制电机主要应用于自动控制系统中，用来实现信号的检测、转换和传递，作为测量、执行和校正等原件使用。控制电机的功率一般从数毫瓦到数百瓦。

与普通动力电动机不同，控制电机主要任务是完成控制信号的检测、变换和传递，因此，对控制电动机的主要要求是快速响应、高精度、高灵敏度及高可靠性，而这些性能正是机器人所需要的。伺服电动机是机器人最主要的电机。

伺服电动机又称执行电动机，它把接收的电压信号转换为电动机转轴上的机械角位移，具有服从控制信号的要求而动作的功能。在信号来到之前，转子静止不动；信号来到之后，转子立即转动；当信号消失，转子立即停止。该种电动机正是由于这种“伺服”的性能而命名。

在 3kg 机器人中，使用交流伺服电动机带动关节运动。下面就介绍交流伺服电动机。

交流伺服电动机一般是两相交流异步电动机，由定子和转子两部分组成。它的转子电阻都比较大，其目的是使转子制动时产生制动转矩，使它的控制绕组不加电压时，能及时制动，防止自转。交流伺服电动机的定子上嵌放着空间相距 90° 电角度的两相分布绕组，两个定子绕组结构完全相同，使用时一个绕组作励磁用，另一个绕组作控制用。U_f 为励磁电压，U_c 为控制电压，U_f 与 U_c 同频率。交流伺服电动机结构示意图如图 3-7 所示。

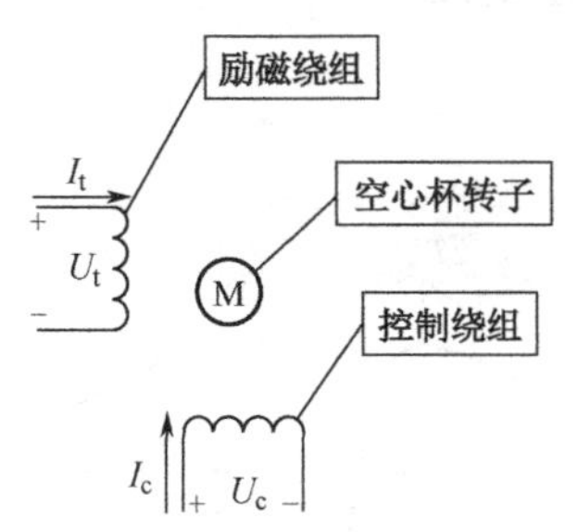

图 3-7　交流伺服电动机结构示意图

当励磁绕组和控制绕组互加相差 90° 电角度的交流电压时，在空间形成圆形旋转磁场（$U_f=U_c$）或椭圆形旋转磁场（$U_f \neq U_c$），转子在旋转磁场作用下旋转。当控制电压和励磁电压的幅值相等时，控制两者的相位差也能产生旋转磁场。

普通的两相异步电动机存在着自转现象，由图 3-8 所示的异步电动机机械特性可以说明。

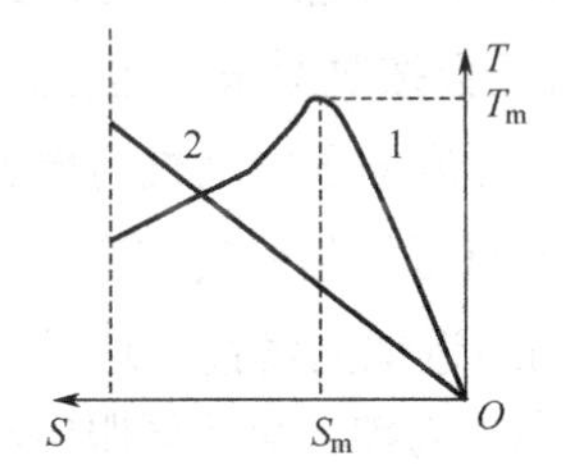

图 3-8　异步电动机的机械特性

对异步电动机而言，临界转差率 S_m 与转子电阻成正比，即

$$S_m = \frac{R_2'}{\sqrt{R_1^2 + \left(X_1 + X_2'\right)^2}} \tag{3.38}$$

式中，R_2'——转子电阻 R_2 折算到定子侧的折算值；

X_2'——转子漏电抗折算到定子侧的折算值。

普通的两相异步电动机的转子电阻较小，S_m 也较小，从机械特性分析，线性变化范围较小。

当运行的两相异步电动机中有一相绕组断电时就称为单相异步电动机。单相异步电动机中的气隙磁场为脉动磁场，可以分为正转和反转两个旋转磁场，分别产生正转电磁转矩 T_+ 与反转电磁转矩 T_-，如图 3-9 中虚线所示；电动机的电磁转矩 T 为 T_+ 与 T_- 的代数和，如图 3-9 中实线所示。

当转子电阻较小时，从图 3-8 中可以看出，正转范围内，即当 $n>0$ 时，$T>0$，所以当在运行中的两相异步电动机由于断开一相而成为单相异步电动机时仍有电磁转矩 T，只要 T 大于负载转矩 T_L，电动机就会继续运行而形成自转现象。

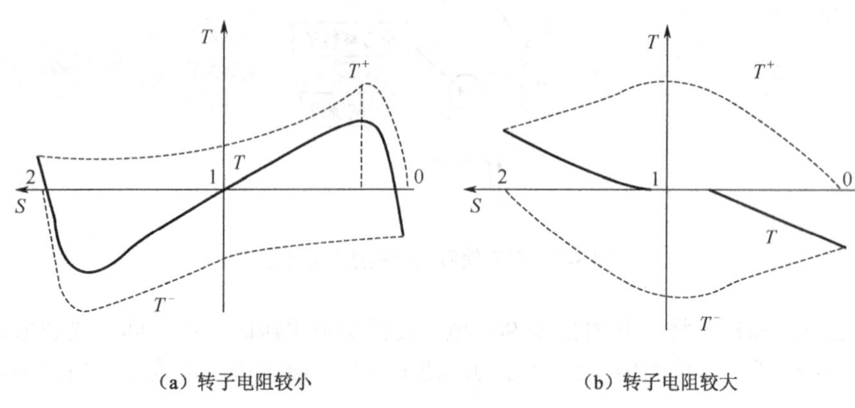

（a）转子电阻较小　　（b）转子电阻较大

图 3-9　转子电阻对交流伺服电动机机械特性的影响

交流伺服电动机必须克服自转现象，否则当控制电压 U_c 为零时，电动机还会继续运转，出现失控状态。当励磁电压不为零，控制电压为零时，交流伺服电动机相当于单相异步电动机。若转子电阻较小，则电动机还会按照原来的运行方向转动，电磁转矩仍为拖动转矩，此时机械特性如图 3-9（a）所示。交流伺服电动机用增加转子电阻的方法来防止自转现象的发生。由式（3.38），增大转子电阻可使临界转差率增大，当转子电阻增大到一定值时，可使 $S_m \geqslant 1$，电动机的机械特性曲线近似为线性。这样可使伺服电动机的调速范围变大，在大范围内稳定运行。若控制电压 U_c 为零，交流伺服电动机变为单相异步电动机，其机械特性如图 3-9（b）所示，在正转范围内，即 $n>0$ 时，$T<0$，电磁转矩为负，成为制动转矩，迫使电动机自行停转而不会自转。

与普通两相异步电动机相比，交流伺服电动机的特点是：具有较宽的调速范围；当励磁电压不为零，控制电压为零时，其转速也应为零；机械特性为线性并且动态特性较好。所以，交流伺服电机的转子电阻应当大，转动惯量应当小。

由上述分析可知，增加交流伺服电动机的转子电阻，既可以防止自转，又可以扩大调速范围和提高机械特性的线性度，所以一般有 $R_2' = (1.5\sim4)(X_1 + X_2')$，比普通异步电动机转子电阻大得多。常用的增大转子电阻的办法是将笼型导条和端环用高电阻率的材料（黄铜、青铜等）制造，同时将转子做成细而长，这样转子电阻很大，同时转动惯量又小。

当交流电动机的励磁绕组接在额定电压的交流电源上、控制绕组接在同频率的控制电压 U_c 上时，在空间成 90° 电角度的两相绕组中就会有两相电流流过，在气隙中产生旋转磁场，切割转子，从而在转子中产生感应电动势并有转子电流产生；转子磁场与转子电流相互作用产生电磁转矩而使交流伺服电动机运转。改变控制电压 U_c 的大小和相位，可以使气隙磁场为圆形旋转磁场或椭圆形旋转磁场。电动机总气隙磁场不同，其机械特性就不同，转速也就不同。从而实现了交流伺服电机利用控制电压信号 U_c 的大小和相位的变化控制电动机的转子转向的目的，完成伺服功能。

问题与思考三

1. 电力系统的组成是什么？
2. 简述电力系统各部分的作用。
3. 简述电力系统各核心部分的工作原理。

单元四

工业机器人控制系统

单元描述

通过单元三的学习，我们对机器人的电力系统能量来源，以及能量在机器人中的转化有了一定的了解。电力系统给机器人提供了运动的能力，但是怎样让机器人的这种运动能力完美地发挥，那就要靠机器人的控制系统来进行合理的协调和分配，从而完成各种复杂的任务。本单元主要对机器人的控制系统进行介绍。

单元目标

1. 结合电力系统知识能够根据要求设计一个简单的可控供电电路；
2. 了解驱动器的功能和作用；
3. 了解传感器在机器人应用方面的作用；
4. 了解机器人控制器的种类。

单元导引

对于机器人这种控制要求极高的设备，在控制系统的搭建上，首先要对整个系统有一个全局的把握，即定下框架和层次。

“一切计算机科学的问题都可以用分层来解决。”对电控系统也是一样。将电控系统分为 3 层，呈现如图 4-1 关系。

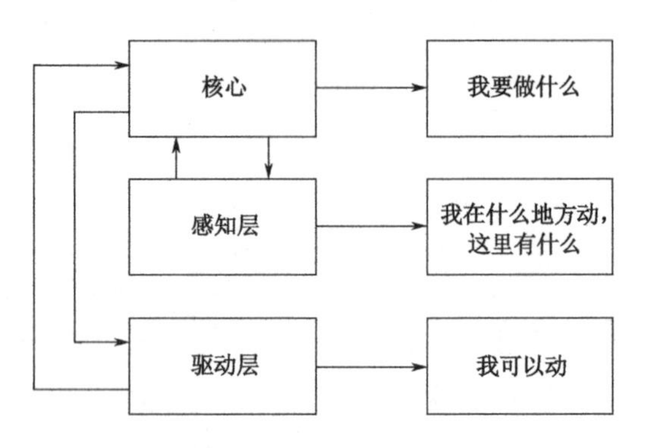

图 4-1　电控系统分层

电控系统分层由低到高分别为驱动层、感知层、核心。

核心按照任务要求，通过对感知层和驱动层的信息处理，来整体把握和调整，从而让机器人顺利完成指定任务。

而供电系统，对电力系统进行控制并为各部分提供动力来源。下面就对机器人的控制系统进行介绍。

一、供电系统——电气控制技术

电气控制系统随着科技的发展，也在不断地变化，从几点接触器控制方式到现在的PLC，都属于电气控制系统。

下面以继电接触器控制方式为例介绍电气控制系统的控制理念。

以各种继电器、接触器、行程开关、按钮等自动控制电器组成的控制电路称为继电接触器控制方式。

1. 功能

为了保证设备运行的可靠与安全，需要有许多辅助电气设备为之服务。能够实现某项控制功能的若干个电器组件的组合，称为控制回路或二次回路。这些设备应具有以下功能：

（1）自动控制功能。高压和大电流开关设备的体积是很大的，一般都采用操作系统来控制分、合闸，特别是当设备出现故障时，需要开关自动切断电路，要有一套自动控制的电气操作设备，对供电设备进行自动控制。

（2）保护功能。电气设备与线路在运行过程中会发生故障，电流（或电压）会超过设备与线路允许工作的范围与限度，这就需要一套检测这些故障信号并对设备和线路进行自动调整（断开、切换等）的保护设备。

（3）监视功能。电是眼睛看不见的，一台设备是否带电或断电，从外表看无法分辨，这就需要设置各种视听信号，如灯光和音响等，对设备进行电气监视。

（4）测量功能。灯光和音响信号只能定性地表明设备的工作状态（有电或断电），如果想定量地知道电气设备的工作情况，还需要有各种仪表测量设备，测量线路的各种参数，如电压、电流、频率和功率的大小等。

在设备操作与监视过程中，传统的操作组件、控制电器、仪表和信号等设备大多可被计算机控制系统及电子组件所取代，但在小型设备和针对局部控制的电路中仍有一定的应用范围。各种设备是电路实现计算机自动化控制的基础。

2. 组成

常用的控制线路的基本回路由以下几部分组成。

（1）电源供电回路。供电回路的供电电源有交流AC380V、220V和直流24V等多种。

（2）保护回路。保护（辅助）回路的工作电源有单相220（交流）、36V（直流）和直流 220V（交流）、24V（直流）等多种，对电气设备和线路进行短路、过载和失压等各种保护，由熔断器、热继电器、失压线圈、整流组件和稳压组件等保护组件组成。

（3）信号回路。能及时反映或显示设备和线路正常与非正常工作状态信息的回路，回路中包含不同颜色的信号灯、不同声响的音响等设备。

（4）自动与手动回路。电气设备为了提高工作效率，一般都设有自动环节，但在安装、调试及紧急事故的处理中，控制线路中还需要设置手动环节，用于调试。通过组合开关或转换开关等实现自动与手动方式的转换。

（5）制动停车回路。切断电路的供电电源，并采取某些制动措施，使电动机迅速停车的控制环节，如能耗制动、电源反接制动、倒拉反接制动和再生发电制动等。

（6）自锁及闭锁回路。启动按钮松开后，线路保持通电，电气设备能继续工作的电气环节叫自锁环节，如接触器的动合触点串联在线圈电路中。两台或两台以上的电气装置和组件，为了保证设备运行的安全与可靠，只能一台通电启动、另一台不能通电启动的保护环节，叫闭锁环节。如两个接触器的动断触点分别串联在对方线圈电路中。

下面对一个具体电气控制电路进行分析，以期了解电气控制的原理和各元件在系统中的作用。

自锁电路如图 4-2 所示。这是一个以直流 24V（DC24V）的控制电路来启停交流 380V（AC380V）电机的控制系统，并使用指示灯对运行状态进行指示。

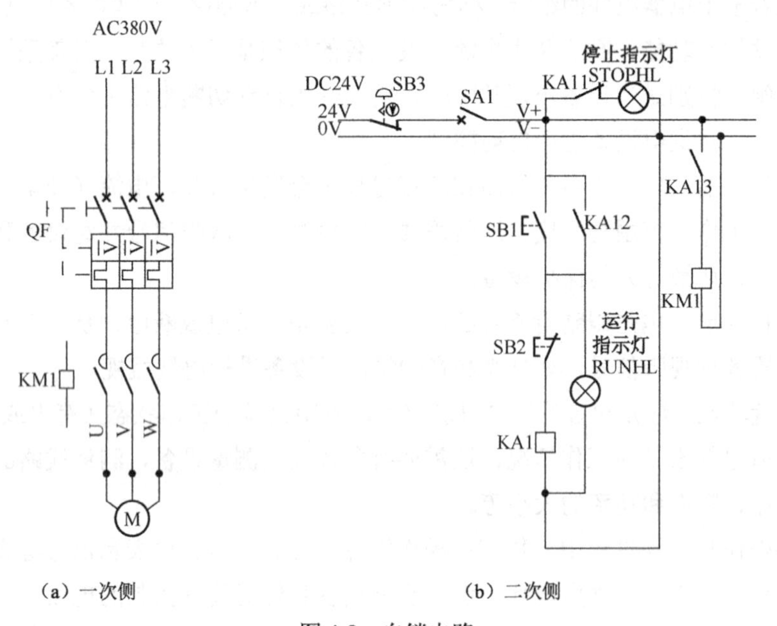

（a）一次侧　　（b）二次侧

图 4-2　自锁电路

由图 4-2（a）可知，三相交流 380V 电源为电机提供动力源，QF 为断路器，KM1 为三相交流接触器的触点。

闭合断路器 QF，当三相交流接触器的触点吸合，电机运行；当三相交流接触器的触点断开或者断路器 QF 断开，电机运行停止。QF 对电路还有过热保护和短路保护的作用。

由图 4-2（b）可知，直流 24V（DC24V）电源为控制电路提供控制电源；SA1 为电源

开关；SB1 为启动按钮，使用一个常开触点；SB2 为停止按钮，使用一个常闭触点；SB3 为急停按钮，使用一个常闭触点；KA1 为中间继电器，控制线圈工作电压为 DC24V，KA11 为常闭触点，KA12、KA13 为常开触点；KM1 为三相交流接触器的控制线圈，控制电压为 DC24V；RUNHL 和 STOPHL 为 DC24V 供电的指示灯。

系统上电：闭合电源开关 SA1，此时中间继电器 KA1 线圈不得电，常开触点 KA12、KA13 处于断开状态，运行指示灯 RUNHL 不亮，三相交流接触器的控制线圈 KM1 不得电，三相交流接触器的触点处于断开状态，常闭触点 KA11 处于闭合状态，停止指示灯 STOPHL 亮起，控制系统处于上电等待状态，一次侧电机不运行。

系统启动：当按下启动按钮 SB1，中间继电器 KA1 线圈得电，常闭触点 KA11 断开，停止指示灯 STOPHL 熄灭；常开触点 KA12、运行指示灯 RUNHL 亮起，并将启动按钮 SB1 常开触点短路，KA1 控制线圈持续得电，实现自锁。KA13 吸合，三相交流接触器的控制线圈 KM1 得电，三相交流接触器的触点吸合，系统处于运行状态。此时一次侧断路器 QF 处于闭合状态，电机运行；一次侧断路器 QF 处于断开状态，只有交流接触器触点动作，电机不运行。

系统停止与急停：当系统在运行状态下，按下停止按钮 SB2，SB2 常开触点断开，中间继电器 KA1 线圈失电，系统返回上电等待状态。当系统出现异常，及时按下急停按钮 SB3，急停按钮常闭触点断开，切断整个控制电路。所有控制线圈失电，常开触点断开。

系统中，开关 SA1、启动按钮 SB1、停止按钮 SB2、急停按钮 SB3、中间继电器 KA1、三相交流接触器 KM1、断路器 QF 为控制器件；运行指示灯 RUNHL、停止指示灯 STOPHL 为监控器件；三相交流接触器 KM1、断路器 QF 也是保护器件，在电路出现过载或短路时也会断开。

当然在不同的控制系统中还会用到各种各样的电气元件，在此不再一一介绍了，有兴趣的读者可以学习电气控制技术相关的知识。

二、驱动层

驱动层使移动机器人有运动能力，包括运动速度的准确调整、定位运动的精确性、运动过程中扭力的保持等。驱动层主要有驱动器（驱动装置）和控制器构成。

1. 驱动装置

驱动装置在机器人中的作用相当于人的肌肉，如果把连杆和关节想象为机器人的骨骼，那么驱动装置就起着肌肉的作用，通过移动或者转动连杆来改变机器人的结构。驱动器必须有足够的功率对连杆进行加速和减速并带动负载，同时自身必须质轻、经济、精确、灵敏、可靠并便于维护。

目前最为主要的驱动方式有液压驱动、气动驱动和电气驱动。

（1）液压驱动

液压系统及液压驱动器的功率质量比大，适合用于微处理器及电子控制，容许极端恶劣的外部环境。它们在带有负载时也不需要刹车装置，驱动器发热少，不需要减速齿轮。然而，由于液压系统中不可避免的泄漏问题以及动力装置的笨重昂贵，目前已不再常用，只是在一些特殊应用场合，液压驱动器可能是合适的选择。

（2）气动驱动

气动驱动在原理上和液压系统非常相似。用压缩空气作为气源驱动直线或旋转汽缸，用人工或电磁阀控制。由于压缩空气和运动的驱动器是分离的，所以系统的惯性负载较小。然而由于启动装置的工作压强小，所以和液压系统相比，功率质量比要小得多。

气动系统的主要问题是，空气是可压缩的，在负载作用下会压缩和变形。因此，气动装置通常仅用于插入操作，一般气动装置基本上作为全行程运行。否则，要控制汽缸的精确位置是非常困难的。有一种控制气压活塞位移的方法称为差动颤振，在这种系统中，位置由反馈元件如直线编发器或电位器测量，控制器利用该位置信息通过伺服阀控制汽缸两边的压力，从而实现精确的位置控制。

（3）电气驱动

电动机是把电能转换成机械能的一种设备。利用磁场对电流受力的作用原理将通电线圈产生旋转磁场或使用固定磁场并作用于有电流流过的转子形成磁电动力旋转扭矩，带动电机旋转。随着科技的发展，电动机技术也越来越成熟，其中控制电机的快速响应、高精度、高灵敏度及高可靠性，也正是机器人最重要的性能要求。

电气驱动以其精度高、控制好、高柔性、干净整洁、性能可靠，几乎可以应用于所有尺寸的机器人。

在机器人中，使用的电机是多种多样的，包括交流感应电机、交流同步电机、直流有刷电机，直流无刷电机、步进电机、伺服电机等。不同的电机有不同的优势和特点，我们需要根据机器人的技术参数、应用场合等综合考虑来对电机做出最合适的选择。下面对比较常用的几种电机的特点做简单介绍。

直流电机：直流电机具有良好的起动性能和调速性能，在较宽的范围内达到平滑无级调速，有较大的过载能力，所以直流电机经常应用于对起动和调速性能要求较高的生产机械上。

三相交流异步电动机：三相交流异步电动机是交流电机中使用最为广泛的一种电机，它是将交流电能转换成机械能的动力设备。对于普通的三相交流异步电动机，由于其具有结构简单、使用和维护方便、坚固耐用、环境要求不严格、经济运行成本较低的优点，而被广泛应用于电力拖动中。

单相异步电动机：单相异步电动机就是指单相交流电源供电的异步电动机，它具有结构简单、成本低、噪声小、运行可靠等优点，同时因其供电方便，在家用电器、电动工具、医疗设备等领域中有广泛的应用。但是相比于同容量的三相异步电动机，其体积大、性能差，因此，一般只制成小容量的电动机。

控制电机：控制电机主要应用于自动控制系统中，用来实现信号的检测、转换和传递，作为测量、执行和校正等原件使用，功率一般从数毫瓦到数百瓦。

普通电动机的主要任务是实现能量转换，主要要求是提高电机的能量转换效率等指标，以及起动、调速等性能。控制电机主要任务是完成控制信号的检测、变换和传递，因此，对控制电动机的主要要求是快速响应、高精度、高灵敏度及高可靠性。其中，伺服电机和步进电机也是机器人使用最多的电机。

伺服电动机又称执行电动机，它把接收的电压信号转换为电动机转轴上的机械角位移或角速度的变化，具有服从控制信号的要求而动作的功能：在信号到来之前，转子静止不动；信号到来之后，转子立即转动；当信号消失，转子立即停止。由于这种“伺服”的性能而命名的伺服电机主要作为执行元件。伺服电机有宽广的调速范围，快速响应性能好，起动、制动机跟随性能好，灵敏度高，没有自转现象，转动惯量小，快速性好。

步进电机是将脉冲信号转换为角位移的电动机，它的各项控制绕组轮流输入控制脉冲，每输入一个控制脉冲信号，转子便转动一个步距角。步进电机的转速与脉冲频率成正比，改变脉冲频率就可以调节转速。步进电机也是计算机控制系统中常用的执行元件。步进电机可在宽广的范围内精确调速，具有起动、制动特性好，反转控制方便，工作不失步，通过细分电路控制步距精度高等优点。

2. 控制器

机器人控制器与人的小脑十分相似，虽然小脑的功能没有人的大脑功能强大，但它却控制着人的运动。机器人控制器由计算机（系统的大脑）获得数据，控制驱动器的动作，并与传感器（反馈信息）一起协调机器人的运动。假如要求机器人从箱子中取出一个零件，第一个关节必须是 20°；如果关节不在这个角度，控制器就会发送信号给驱动器，驱使其运动，这个过程可能是输送电流给电机、输送气流给汽缸或发送信号给液压伺服阀。然后控制器还能通过固定在关节上的反馈传感器测量关节变化的角度，当关节达到了指定的角度值，信号就会停止。在更复杂的机器人中，机器人的速率和受力也都由控制器控制。

在 3kg 可拆装工业机器人中，选用交流伺服电机和交流伺服控制器来组成控制系统的驱动层，对机器人各关节进行速度、位置和扭力的控制，在响应速度、精确性等方面达到设计要求。

三、感知层——传感器

在机器人中，传感器既用于内部反馈控制，也用于外部环境的交互。动物和人具有类似的但功能各异的传感器，例如人不睁开眼睛，也能感觉和知道四肢的位置，这是因为中枢神经系统中的神经传感器将信息反馈给了人的大脑，大脑利用这些信息来测定肌肉伸缩程度，进而确定胳膊和腿的状态。机器人也同样如此，集成在机器人内的传感器将每个关节和连杆的信息发送给控制器，于是控制器就能确定机器人的当前运动状态。此外，同人类拥有嗅觉、味觉、听觉、触觉、视觉及与外界交流的语言一样，机器人也常配有视觉系统、触觉传感器、语音传感器等使机器人与外界通信，在其他情形下，传感器还会具备人类不具备的功能，如放射线检测、有毒物质检测等。

传感器种类繁多，功能也各不一样，我们需要依据不同任务要求、功能、工作环境等对传感器进行选择。下面对机器人领域比较常用的一些传感器进行介绍。

1. 自身感知

机器人在运动的过程中，需要实时将当前机器人连杆和关节的状态反馈给控制器或者处理器，特别是机器人关节的位置。机器人感知类型与对应传感器如图 4-3 所示。

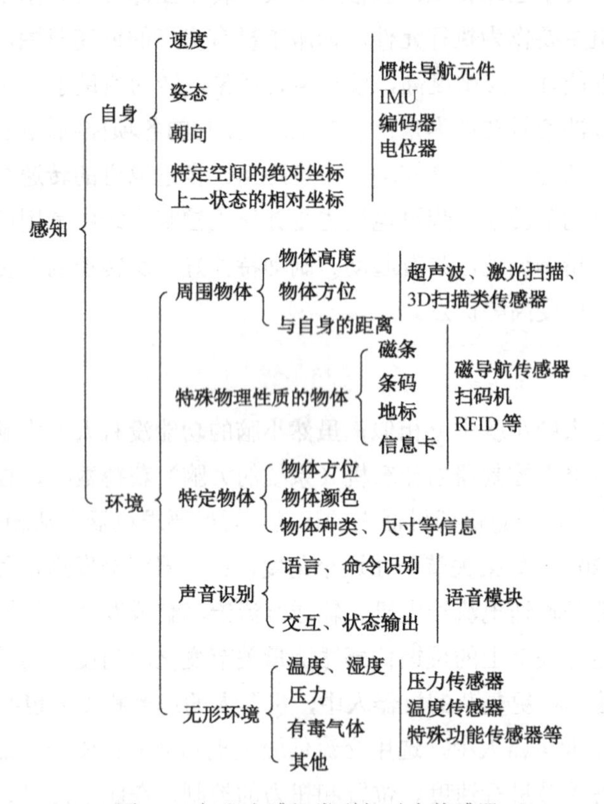

图 4-3　机器人感知类型与对应传感器

位置传感器既可以用来测量位移（包括角位移和线位移），也可用来检测运动。在很多情况下，如在编码器中，位置信息也可以用来计算速度。

（1）电位器

电位器通过电阻把位置信息转化为随位置变化的电压，当电阻器上的滑动触头由于位置的变化在电阻器上滑动时，触头触点变化前后的电阻阻值与总阻值之比就会发生变化。由于从功能上将电位器充当了分压器的作用，因此输出电压与电阻成正比。

（2）编码器

编码器是一种能检测细微运动且输出为数字信号的简单装置。为了做到这一点，码盘或者码尺被分成若干小区，每个小区可能不透明也可能透明，当光源由码盘或者码尺的一侧向另一侧发射一束光时，在另一侧用光敏传感器进行检测。如果码盘的角度正好位于光能穿过的地方，传感器将开通，输出高电平。如果码盘正好处于光不能穿过的地方，传感器将会关断，输出低电平。随着码盘的转动，传感器就能连续不断地输出信号，如果对该信号进行计数，即可测量任意时刻码盘转过的近似总位移。

2. 环境感知

机器人不仅要对自身的运动状态有确切的感知，还需要对自身所处的环境、面对的工作对象、潜在的危险等可变因素进行感知。不光是为了更加准确地完成赋予机器人的任务，有时对环境、物体的检测就是最终要达到的目的。

机器人多数任务是面对实际物体的，如同我们人类一样，当接触到一个相对具体实物时，我们会通过眼睛观察它的颜色、形状，用手去触摸感受它的大小、材质等。机器人也一样，甚至还需要对外观相同但带有特殊标记的对象进行分类。如果将实际物体的信息数字化，并传输给控制器和处理器，同样需要传感器的帮助。

（1）视觉传感器

视觉传感器是指通过对摄像机拍摄到的图像进行处理，来计算对象物的特征量，并输出数据和判断结果的传感器。视觉传感器原理是从一整幅图像捕获像素点，将这些像素点的信息与其内存中存储的基准图像进行比较，以做出分析，再将这些像素点信息经过数据转化成物体的颜色、形状、位置等信息。

（2）接触和触觉传感器

触觉传感器是指在实际接触发生时发出信号的装置。最简单的接触传感器就是微动开关，当接触发生时它就接通或关断。

触觉传感器是许多接触传感器的组合，它除了能确定是否发生接触外，还能够提供更多有关物体的信息。这些信息可以是物体的形状、尺寸、材质等。多数情况下，许多接触传感器排成矩阵阵列，而接触传感器由触杆、发光二极管和光传感器组成。当触觉传感器接触物体时，触杆将随之缩进，遮挡了发光二极管向光传感器发射的光线，光传感器于是输出与触杆的位移成正比的信号。可以看出接触传感器实际上就是位移传感器。

当触觉传感器与物体接触时，依据物体的形状和尺寸，不同的接触传感器将以不同的次序对接触做出不同的反应。控制器就利用这些信息来确定物体的大小和形状。

（3）RFID

射频识别（RFID）是一种无线通信技术，可以通过无线电信号识别特定目标并读写相关数据，而无须识别系统与特定目标之间建立机械或者光学接触。RFID 技术使用专用的 RFID 读写器及专门的可附着于目标物的 RFID 标签，利用频率信号将信息由 RFID 标签传送至 RFID 读写器。RFID 技术的基本工作原理并不复杂：标签进入磁场后，接收解读器发出的射频信号，凭借感应电流所获得的能量发送出存储在芯片中的产品信息，或者由标签主动发送某一频率的信号，解读器读取信息并解码后，送至中央信息系统进行有关数据处理，最终得到带有标志性的信息。

在机器人的工作过程中，工作区域的环境可能一直在改变，比如有人或者移动物体进

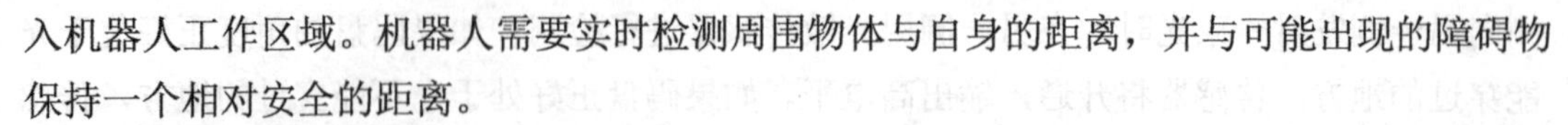

入机器人工作区域。机器人需要实时检测周围物体与自身的距离，并与可能出现的障碍物保持一个相对安全的距离。

（4）接近觉传感器

接近觉传感器用于探测两个物体接触前一个物体靠近另一个物体。这种未接触传感技术在测量转速速度到导航机器人的很多场合都有应用。以电容式接近觉传感器为例，其能够对任何介电常数在 1.2 以上的物体做出反应，在这种情况下，当物体处于传感器感应范围内时，它的电容变化提高了电路的总电容，这将触发内部振荡器起动输出单元，从而产生输出信号，于是传感器能后检测到一定范围内物体的存在。

（5）测距仪

与接近觉传感器不同，测距仪用于测量较长的距离，它可以探测障碍物和回执物体表面形状，并且用于向系统提供预先的信息。测距仪一般是基于光和超声波的。以超声波测距仪为例，超声波系统结构坚固、简单、廉价并且能耗低，可以很容易地用于摄像机调焦、运动探测报警、机器人导航和测距。它的缺点是分辨率和最大工作距离受到限制，分辨率的限制来自声波的波长、传输介质中的温度和传播速度的自然变化。对工作距离的限制则来自介质对超声波能量的吸收。典型的超声波设备的频率范围在 20kHz～2MHz。绝大多超声波测距设备采用测量传输时间的方法进行测距。超声波测距原理是通过超声波发射传感器向某一方向发射超声波，在发射的同时开始计时，超声波在空气中传播，途中碰到障碍物就立即返回来，超声波接收器收到反射波就停止计时。波在空气中的传播速度为 c=340m/s，根据计时器记录的时间 t，就可以计算出发射点距障碍物的距离 S，公式如下：

$$S = c \times \frac{t}{2} = c \times t_0 \tag{4.1}$$

其中，t_0 为传输时间。

随着科技的发展，人们对机器人智能化程度的要求也越来越高，不单是执行某一种或几种特定的任务，还要求机器人有更好的人机协作能力，如同人与人的交流，机器人也需要有与人进行对话的能力。

（6）语音识别装置

语音识别包括识别出所说的内容并根据感知的信息采取动作。语音识别系统一般是根据话语的频率来进行识别的，任何信号都可以分解为一系列不同频率和振幅的正、余弦信号，如果将它们重新组合，则可以重构出原始信号。所有的信号都有各自的主要频率，这些频谱有别于其他信号。在语音识别系统中，假设每个单词（字母或句子）在分解为组成频率时，主要的频率信号构成位移的特征，系统根据它就能够识别出单词。

为进行语音识别，用户必须事先对系统进行训练，即通过朗读单词，让系统建立所说单词的主要频率检索表；以后，每当说出单词，在其频谱确定后就和检索表进行比较，如果能找到相近的匹配，就能识别出单词。

（7）语音合成器

语音合成有两种不同的方法，一种是将音素和元音结合来产生单词的发音，使用这种方法可以通过音素和元音的组合来合成任意单词，用商用语音芯片和相应程序即可实现。尽管这种方法可以产生任意单词的发音，但听上去不自然，且声音机械。使用这种系统有时也会出现问题，当遇到两个拼写很相近、但发音差别很大的单词时，系统就不能识别了，除非所有特殊情况都被编写到了芯片中。

一种替代方法是录下系统可能需要合成的词，当需要时就从存储器或磁片中读出。电话时间提示、视频游戏及许多其他的机器人语音就是这样产生的。采用这种方法，尽管声音听上去很自然，但能发出的词有限，只有在要说的词都已知的情况下，系统才能使用。随着计算机技术的发展，将来的语音识别和合成会有更大的发展。

（8）嗅觉传感器

嗅觉传感器与烟雾探测器类似，它们对特定的气体敏感，当探测到这些气体时就会发出信号。嗅觉传感器不但可以用于安全方面，也能用于搜索和探测等领域。

（9）味觉传感器

味觉传感器是检测介质中粒子成分的装置。有一种装置，它能通过电位计传感器阵列来评价酸甜苦咸鲜这五种基本味道。利用集成在单个芯片上的对离子敏感的场效应晶体管阵列，来测量所含钠离子、钾离子、钙离子、铜离子和银离子的相对水平。另一种传感器采用特定离子电极、氧化/还原作用传感器对、导电传感器和原电池阵列，来测量浓度低至 1×10^{-5} 的水中是否存在如铜离子、锌离子、铅离子、铁离子等污染元素，可将这些信息直接地或与其他系统结合应用到机器人系统和自动化生产中。

在机器人和机器人的应用中，使用很多的传感器是反馈所必需的，它们是控制机器人不可缺少的，另一些则必须根据需要和可行性进行添加。在这些传感器中，有的使用简单、价格低廉，有的使用复杂、价格昂贵，甚至需要复杂的电路和控制算法做支持。每种传感器都有各自的优缺点，它们共同提供了系统运行时所需的全部信息，是机器人系统中重要的组成部分。

四、核心——控制器

控制器是机器人的大脑，用来计算机器人关节的运动、确定每个关节应该移动多少或多远才能达到预定的速度或位置，并且监督控制器与传感器协调工作。控制器通常就是一台计算机，只不过是一种专用计算机。它也需要有操作系统、程序和像监视器那样的外部设备等，而且具有同样的局限性和功能。在一些系统中，控制器和处理器集中在一个单元中，而有些系统中它们是分开的。甚至在一些系统中，驱动器是由制造商提供，而控制器则由用户提供。

上面提到机器人处理器是一台专门用于机器人的计算机，在这台计算机上运行的系统和应用软件自然也是用于机器人的。用于机器人的软件大致分三部分，第一部分是操作系统，用来操作处理器；第二部分是机器人软件，根据机器人的运动方程计算每个关节的必要动作，这些信息是要传送到控制器的。这种软件有多种级别，即从机器语言到现代机器人使用的复杂高级语言不等；第三部分是面向应用的子程序集合和针对特定任务为机器人或外部设备开发的程序，这些特定任务包括装配、机器载荷、物料处理及视觉例程等。

机器人的运动轨迹规划是很重要的，对于一台确定的机器人，只要知道机器人的关节变量就能根据其运动方程确定机器人的位置，或者已知机器人的期望位置就能确定相应关节变量和速度。机器人最终的路径和运动轨迹就是由处理器来控制规划的。如果没有一个合理规划的轨迹，机器人的运动就无法预测，它就有可能与其他物体碰撞，或者通过不希望经过的点而无法精确地运动。

在实际应用中，轨迹规划既可以在关节空间中也可在直角坐标空间中进行，无论在哪个空间中都有很多不同的规划方法，而且很多方法可在两种空间中通用。经过操作和实践，在不同的环境下，在合适的坐标系中使用者可以利用轨迹规划功能更快更方便地操作机器人完成任务。

在机器人领域应用到的控制器种类很多，各有特点。

（1）PLC 控制器

以 PLC 为核心的机器人控制系统技术成熟、编程方便，在可靠性、扩展性、对环境的适应性方面有明显优势，并且有体积小、方便安装维护、互换性强等优点；有整套技术方案供参考，缩短了开发周期。但是该类控制系统不支持先进的复杂算法，不能进行复杂的数据处理，虽然一般环境下可靠性好，但在高频环境下运行不稳定，不能满足机器人系统的多轴联动等复杂的运动轨迹。

（2）工控机与运动控制卡

这类运动控制器结构比较简单，功能相对固定，具有各种基本插补功能，可实现对数字伺服和步进电机的控制，并具有急停、硬限位等 I/O 控制功能；对于要求多轴协调运动和高速轨迹插补控制的设备，往往不能满足要求。这类控制器被应用在性能要求不高或者负载较小的机器人上，也是目前国内机器人所采用的主要控制器。

（3）嵌入式处理器结合实时操作系统的控制器

这是一种开放体系结构的运动控制系统，利用处理器不断提高的计算速度、不断扩大的存储量和具有实时性能的操作系统，实现灵活多样的运动轨迹控制和开关量的逻辑控制。目前，国际上主流机器人生产厂家大多采用这种结构形式，汇博 3kg 可拆装机器人同样也是使用了这种控制器作为机器人的核心。

汇博 3kg 可拆装机器人的操作和使用，将会在后面的单元中具体介绍。

问题与思考四

1．电机驱动器的功能和作用是什么？

2．机器人常用的传感器有哪些？分别有什么作用？

3．机器人常用的控制器类型是什么？并做简要介绍。

单元五

工业机器人电气系统的装配与调试

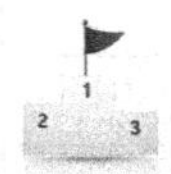

单元描述

工业机器人控制系统主要用于运动轴的位置和轨迹控制，它在组成和功能上，与自动化工业中常见的伺服系统并无本质区别。机器人电控系统同样需要有控制器、伺服驱动器、操作面板、辅助控制电路等控制部件。根据电气系统接线图，完成汇博 HB-760-C10 工业机器人电气部分的装配与调试。

任务一　机器人控制柜电气元件安装与接线

◎ 任务目标

1. 了解机器人控制柜的电气元件组成、元件安装位置、元件安装工艺；
2. 了解基本电气元件在系统中的功能；
3. 掌握配线的相关知识。

◎ 任务描述

工业机器人控制柜中主要包括控制器、伺服驱动器以及电源转换模块等，是机器人的大脑。因此，正确地安装元器件及接线，是确保机器人正常运行的关键，请操作人员按照下文所述的步骤及电气接线图进行操作。

一、所需工具和相关材料的准备

1. 装配过程所需相关工具

在装配过程中，使用的相关工具包括：大号十字螺丝刀、中号十字螺丝刀、小号一字螺丝刀、剥线钳、斜口钳、万用表、内六角扳手等。

2．装配材料清单

装配材料清单见表 5-1，本清单是实际装配过程中的主要元器件及部分辅材的清单，还有部分可能未列在表中，要求学习者根据连线图补全。

表 5-1 装配材料清单

序号	品名	规格型号	数量	单位
1	控制器 CF 卡，256M	Compact Flash Kemro K2	1	件
2	KEBA 控制器	CP 263/X	1	台
3	DI/DO 模块	DM 272/A	2	件
4	KEBA 示教器	KeTop T70	1	件
5	伺服驱动器	CDR6-A0502	1	台
6	伺服电机	ES6004A-40D30L2	2	台
7	伺服电机	ES6004A-20D30L2	1	台
8	伺服电机	ES4004A-10D30L1	2	台
9	伺服电机	ES4004A-10D30L2	1	台
10	交流接触器	CJX1-32/22（线圈电压 220V）	1	只
11	通断开关	LW42B2-1824/L	1	只
12	双相断路器	OSMC32N2C10 2P	1	只
13	220V 电源插座	EA9X310	1	只
14	电源滤波器	ZYH-EN-10A	1	只
15	稳压电源	DR-120-24	1	只
16	带灯按钮	LA42PD-10/AC220G	1	只
17	带灯按钮	LA42PD-01/AC220R	1	只
18	急停按钮	LA42J-13/R	1	只
19	指示灯	AD17-22/AC220R	1	只
20	指示灯	AD17-SM/DC24Y	1	只
21	指示灯	AD17-SG/DC24R	1	只
22	电池板	P130001（含 3.6V 电池、接插件）	1	只
23	终端继电器	G6D-F4B-DC24V	1	个
24	制动电阻	RXLG 100W 100 欧	1	个
25	单相电源插头	10A/250V	1	个
26	公插芯	HDD-042-MC	2	个
27	母插芯	HDD-042-FC	2	个
28	公插针	CDSM-0.5	60	根
29	母插针	CDSF-0.5	60	根
30	上壳	H10B-TE-2B-M25	1	个

续表

序号	品名	规格型号	数量	单位
31	上壳	H10B-SE-2B-M25	1	个
32	下壳	H10B-BK-1L/SC	2	个
33	金属电缆接头	WNA-M25（D15-22）	2	个
34	公插芯	HDD-024-MC	2	个
35	母插芯	HDD-024-FC	2	个
36	冷压公针	CDSM-0.37	50	根
37	冷压母针	CDSF-0.37	50	根
38	上壳	H6B-SE-2B-M25	1	个
39	上壳	H6B-TE-2B-M25	1	个
40	下壳	H6B-BK-1L/SC	2	个
41	连接头	WNA-M25（D13-18）	2	个
42	公插芯	HA-003-M	1	个
43	母插芯	HA-003-F	1	个
44	上壳	H3A-SE-2B-M20	1	个
45	下壳	H3A-BK-1L/W	1	个
46	电缆接头	WNAC-M20（D6-12）	1	个
47	单芯线	黑色 RV 0.5mm^2	50	米
48	单芯线	RV0.5 黄绿	8	米
49	单芯线	黑色 RV 1.0 mm^2	15	米
50	多芯电缆	RVV 2×0.3 mm2	5	米
51	多芯线缆	TRVVP 9×0.3mm2	1	米
52	多芯电缆	RVV 3×1.5mm^2	3	米
53	多芯电缆	RVV 3×0.5 mm^2	8	米
54	多芯电缆	RVV 4×0.5 mm^2	5	米
55	柔性多芯电缆	TRVV 6×0 .5mm^2	10	米
56	柔性多芯电缆	RVVP 6×0 .5mm^2	2	米
57	柔性多芯双绞屏蔽电缆	TRVVSP 3×2×0.2 mm^2	10	米
58	多芯双绞屏蔽电缆	RVVSP 6×2×0.2 mm^2	5	米
59	多芯双绞屏蔽电缆	RVVSP 12×2×0.3 mm^2	5	米
60	多芯电缆	TRVV 28×0.5mm^2	5	米
61	接线端子	UKJ-2.5	20	个
62	接线端子	UKJ-2.5JD	10	个
63	中心式连接件	UFBI 10-5	4	件
64	隔板	UKJ-G（DUK）	4	件
65	标号片	UZB 5-10	4	件

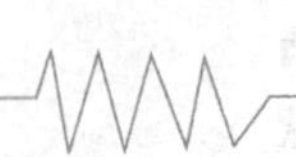

续表

序号	品名	规格型号	数量	单位
66	接线端子	UKJ-1.5	15	个
67	中心式连接件	UFBI 2-4	4	件
68	隔板	UKJ-2.5XG	4	件
69	分组隔板	UKJ-G（ATP-UK）	8	件
70	标号片	UZB 4-10	4	件
71	针形冷压端子	E0510	100	个
72	针形冷压端子	E1010	100	个
73	U 型冷压端子	SV1.25-3	100	个
74	4P 母头连接器	TE M-U-M-N-L 系列 白色 4 孔 翅膀形 配针	3	件
75	6P 母头连接器	TE M-U-M-N-L 系列 白色 6 孔 翅膀形 配针	3	件
76	9P 母头连接器	TE M-U-M-N-L 系列 白色 9 孔 翅膀形 配针	7	件
77	4P 公头连接器	TE M-U-M-N-L 系列 白色 4 孔 钩形 配针	3	件
78	6P 公头连接器	TE M-U-M-N-L 系列 白色 6 孔 钩形 配针	3	件
79	9P 公头连接器	TE M-U-M-N-L 系列 白色 9 孔 钩形 配针	7	件
80	水晶头	RJ45 带屏蔽、护套	6	个
81	网线	cat5e	3	米

二、电气控制柜线路安装与调试

第一步　根据电气控制柜电气布置图进行元件布置，按照实际的元件安装位置进行布置。电气控制柜主要电气元件功能见表 5-2。

表 5-2　电气控制柜主要电气元件功能

制动电阻	用于将电机制动产生的回生电能转化为热能
稳压电源	电控柜内元器件工作及电机抱闸用 24V 电源
交流接触器	通过控制回路控制驱动器主电（L1/L2/L3）的通断
继电器	接收DC24V信号来控制较强的驱动电流的通断
空气断路器	提供主电路通断及过流保护功能
导轨插座	为调试人员提供外接电源
220V端子排	控制柜内元件220V接线端子
DC24V端子排	控制柜内元件DC24V接线端子
接地端子排	控制柜内元件PE接线端子
滤波器	过滤进线电源波动，减少电源电压波动对控制系统的扰动

第二步　根据强电回路控制接线图接线，如图 5-1 所示。

第三步　根据 DC24V 及 PE 接线图，对 DC24V 和 PE 接线端子进行配线和接线，如图 5-2 所示。

第四步　根据 KEBA 控制器及示教器接线图对控制器及示教器进行接线，如图 5-3 所示。

第五步　对驱动器进行配线，驱动器电源为 AC220V，各轴动力线及抱闸接线图如图 5-4 所示。驱动器各接口功能定义见表 5-3。

表 5-3　驱动器各接口功能定义

X7（L1\L2\L3\PE）	驱动器主电源输入连接端口
X8、X20	DC24V 控制电源接线端口
X1、X2、X3、X4、X5、X6	一至六轴电机动力线 U\V\W 连接端口
X11、X12、X13、X14、X15、X16	一至六轴电机抱闸线连接端口
X21	一至三轴编码器连接端口
X22	四至六轴编码器连接端口
X10	外部 IO 连接端口
X9	外接制动电阻连接端口
X17\X18	EtherCAT 通信用连接端口
X19	伺服调试通信连接端口

第六步　将驱动器线路连接至柜体重载连接器，各轴动力线及抱闸线对应针脚，如图 5-5 所示。

第七步　伺服驱动器侧电机编码器接线，其中一至三、四至六轴分别共用一个 20 针的接头，如图 5-6 所示。

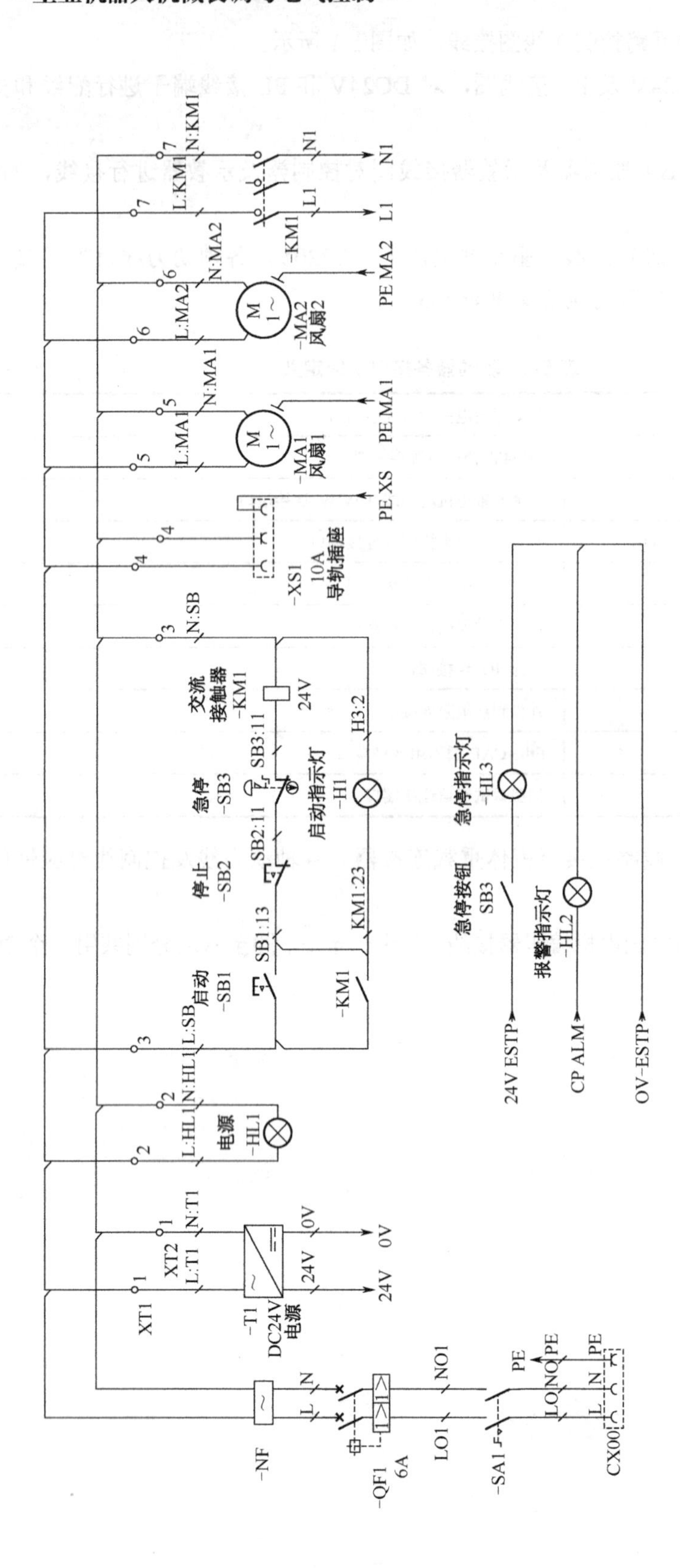

图 5-1 强电回路控制接线图

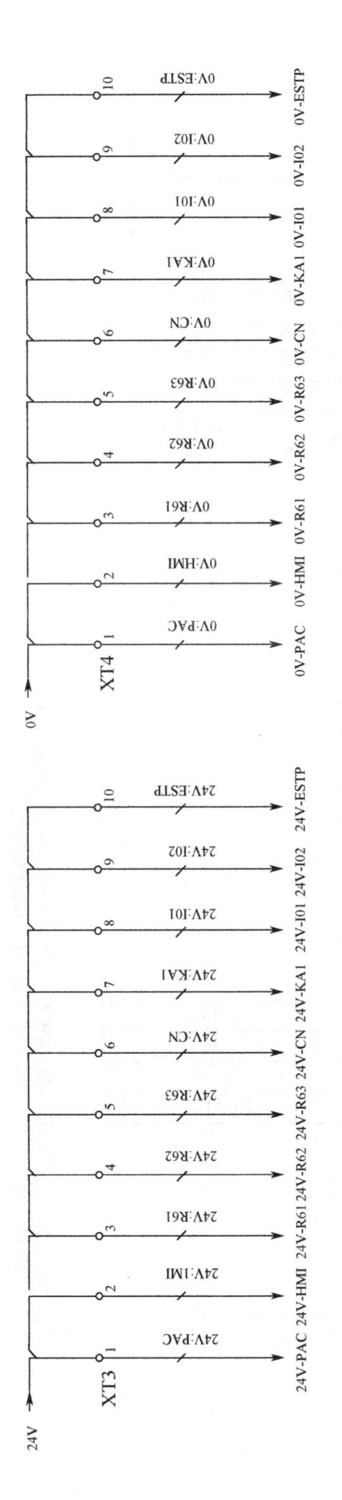

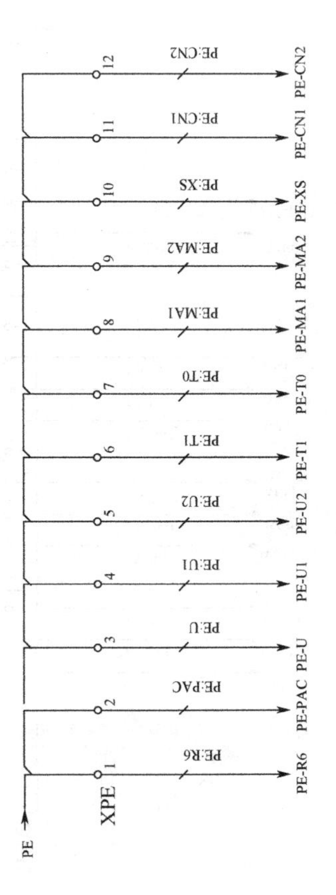

图 5-2 DC24V 及 PE 接线端子接线图

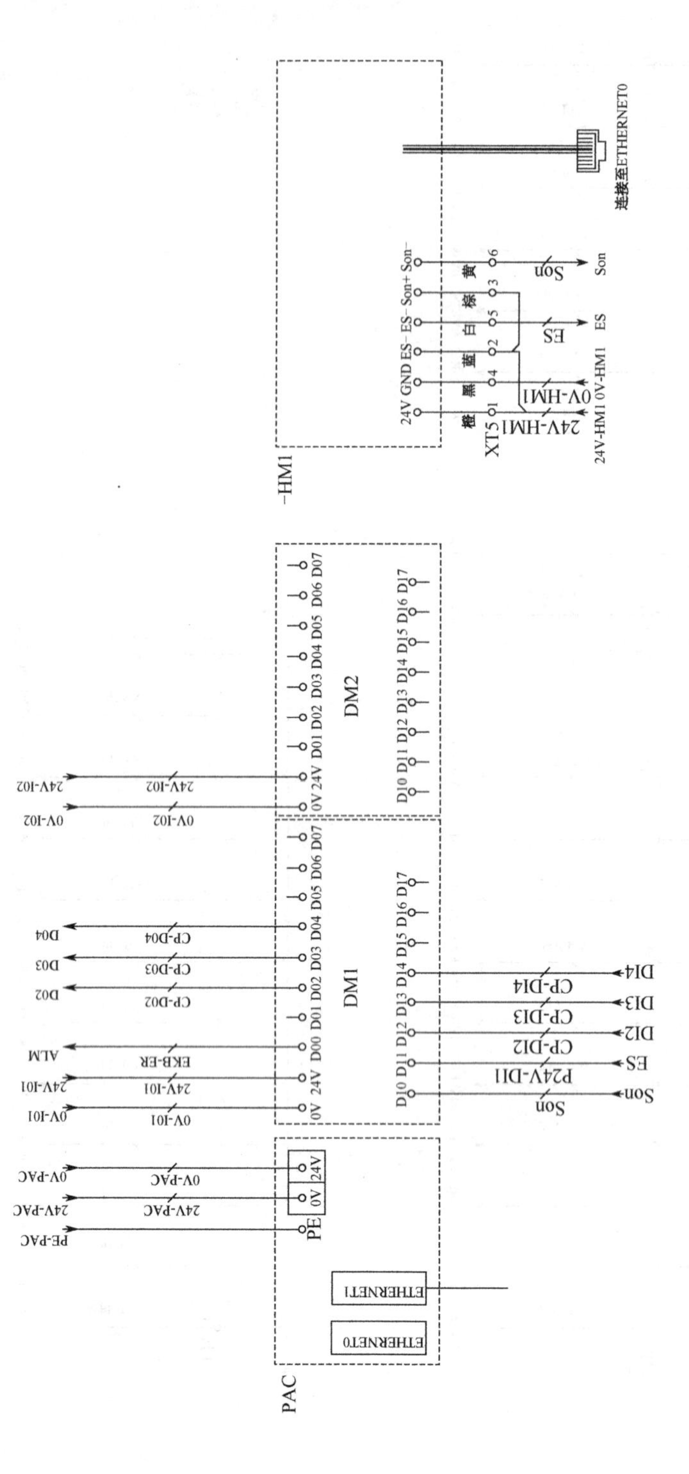

注：KEBA控制器及IO模块接线图，ETHERNET0为示教器网线连接接口或连接PC接口，ETHERNET1作为EtherCAT功能接口使用

图 5-3 机器人控制器及示教器接线图

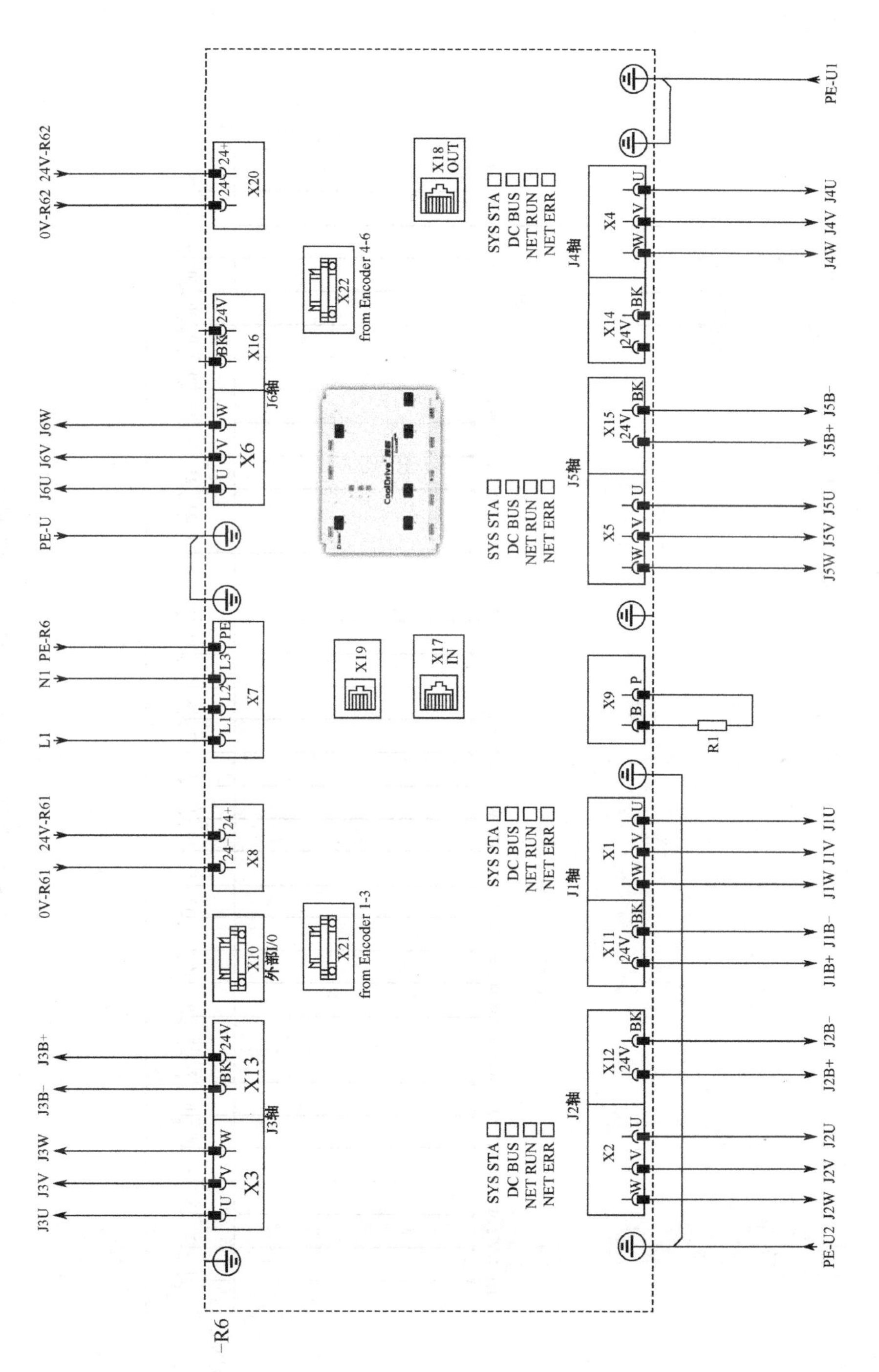

图 5-4 驱动器电源、动力线及抱闸接线图

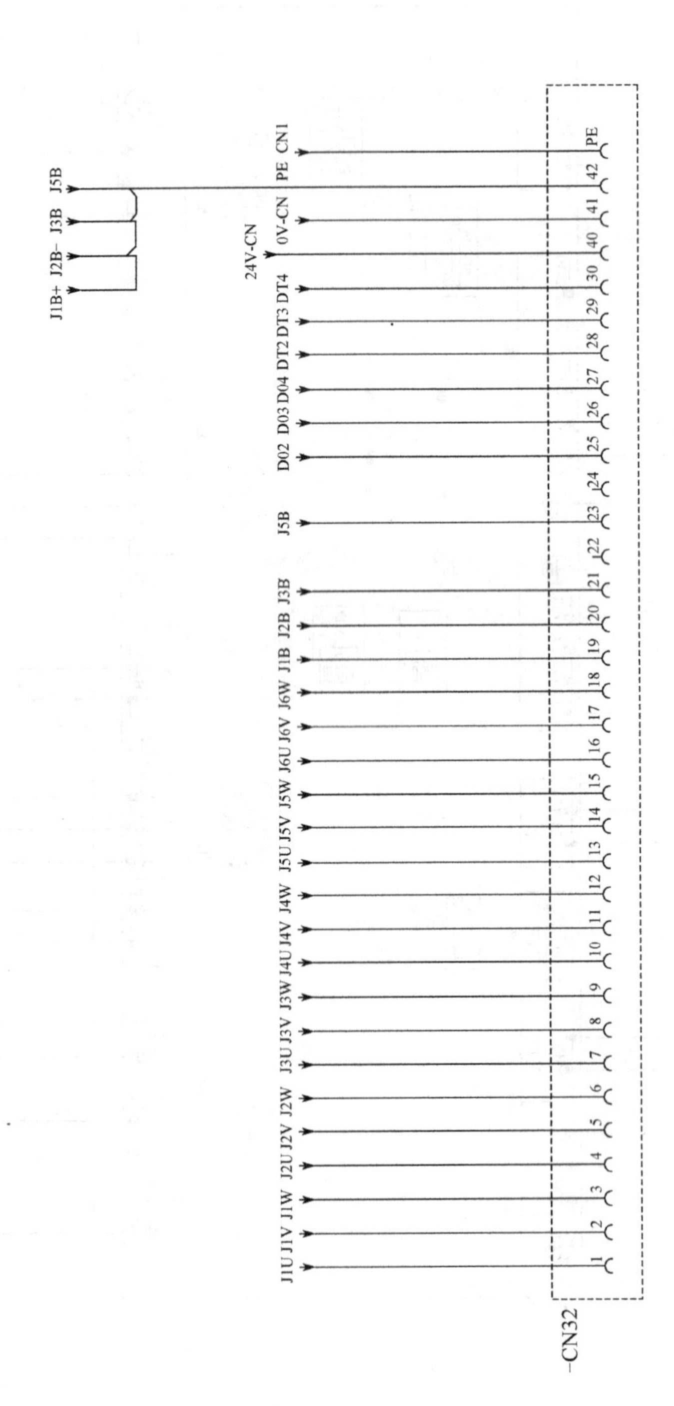

图 5-5 各轴动力线及抱闸线接线对应针脚

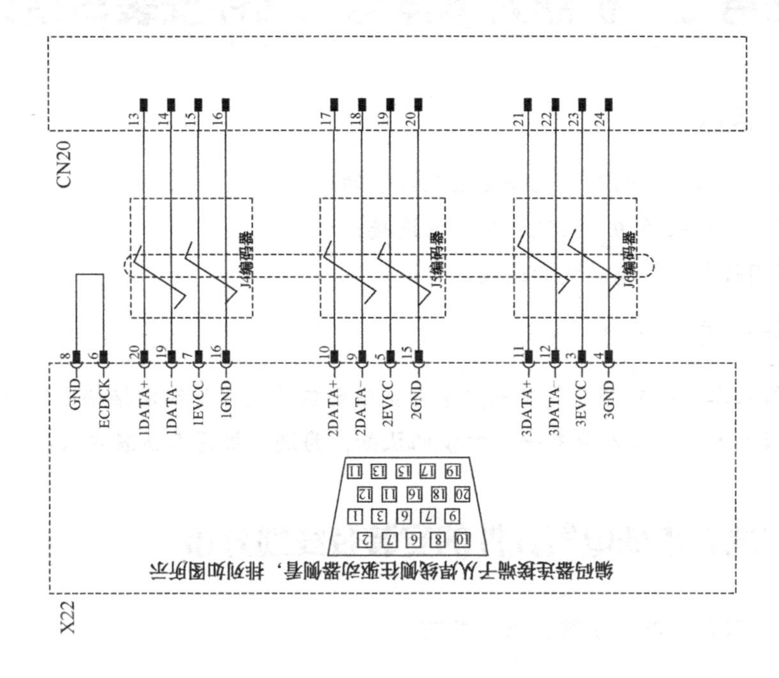

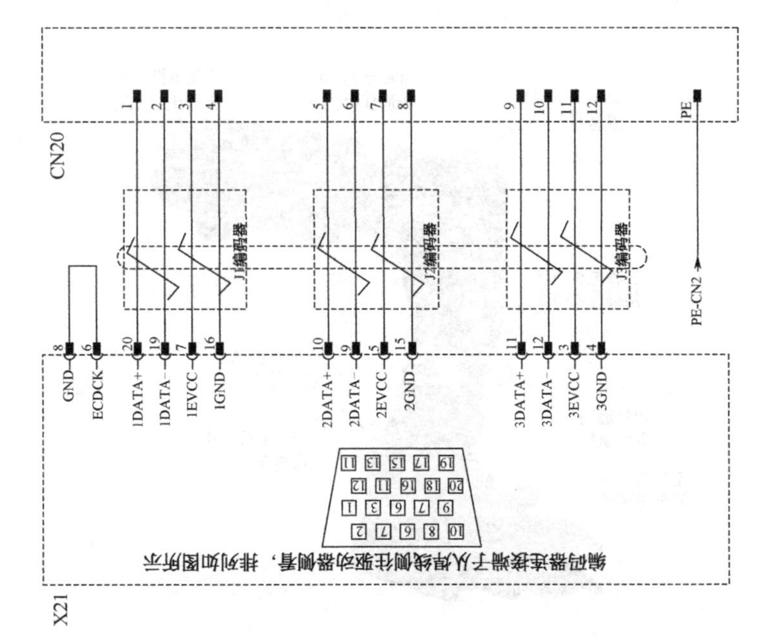

图 5-6 伺服驱动器侧电机编码器接线图

任务二　机器人本体电气元件安装与接线

◎ 任务目标

1. 了解机器人各轴的电气元件安装及线缆的连接；
2. 了解伺服电机的动力线及刹车线的连接；
3. 了解伺服电机编码器线的连接。

◎ 任务描述

了解机器人本体的内部电气安装，学习伺服电机的接线及辅助接插件的使用，有助于学习者对机器人本体电气部分有一个初步的认知，为进行机器人拆装实践打下基础。

一、机器人本体电气元件的安装及线缆分布

1. 电气元件的安装（机器人为 6 关节）

本体分别由 6 个伺服电机驱动各轴的运转，伺服电机编码器采用绝对值式光电编码器。机器人本体的基本电气元件安装位置如图 5-7 所示。

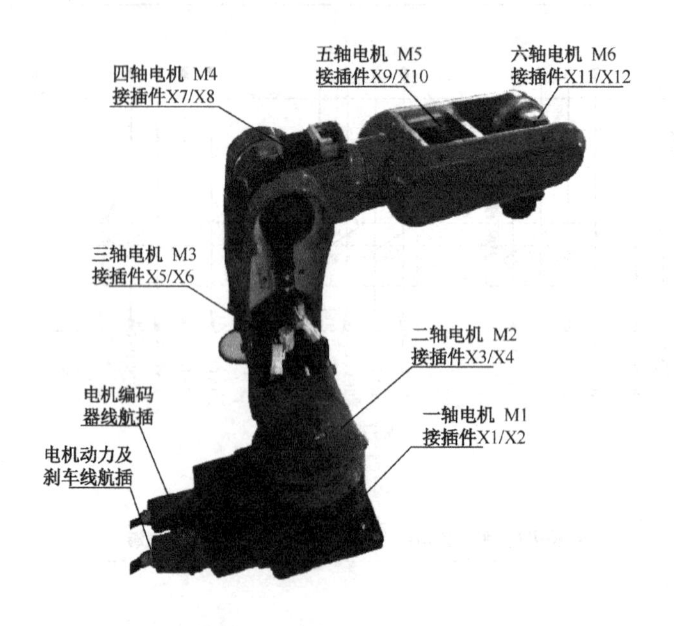

图 5-7　机器人本体的基本电气元件安装位置

2. 机器人底座航插的针脚定义

机器人本体底座处安装有两个航插分别为伺服电机动力线及刹车线航插、电机编码器

线航插，其各针脚定义见表 5-4 和 5-5。

表 5-4　电机动力线及刹车航插针脚定义一览表

针脚编号	功　能	位　置
1	一轴伺服电机 U 相	电机动力及刹车线航插
2	一轴伺服电机 V 相	电机动力及刹车线航插
3	一轴伺服电机 W 相	电机动力及刹车线航插
4	二轴伺服电机 U 相	电机动力及刹车线航插
5	二轴伺服电机 V 相	电机动力及刹车线航插
6	二轴伺服电机 W 相	电机动力及刹车线航插
7	三轴伺服电机 U 相	电机动力及刹车线航插
8	三轴伺服电机 V 相	电机动力及刹车线航插
9	三轴伺服电机 W 相	电机动力及刹车线航插
10	四轴伺服电机 U 相	电机动力及刹车线航插
11	四轴伺服电机 V 相	电机动力及刹车线航插
12	四轴伺服电机 W 相	电机动力及刹车线航插
13	五轴伺服电机 U 相	电机动力及刹车线航插
14	五轴伺服电机 V 相	电机动力及刹车线航插
15	五轴伺服电机 W 相	电机动力及刹车线航插
16	六轴伺服电机 U 相	电机动力及刹车线航插
17	六轴伺服电机 V 相	电机动力及刹车线航插
18	六轴伺服电机 W 相	电机动力及刹车线航插
19	一轴伺服刹车	电机动力及刹车线航插
20	二轴伺服刹车	电机动力及刹车线航插
21	三轴伺服刹车	电机动力及刹车线航插
22	预留	电机动力及刹车线航插
23	五轴伺服刹车	电机动力及刹车线航插
24	预留	电机动力及刹车线航插
25	控制器数字量输出 DO1	电机动力及刹车线航插
26	控制器数字量输出 DO2	电机动力及刹车线航插
27	控制器数字量输出 DO3	电机动力及刹车线航插
41	DC24V 电源 0V 公共端	电机动力及刹车线航插
42	DC24V 电源 24V 公共端	电机动力及刹车线航插
PE	保护接地 PE 端	电机动力及刹车线航插

表 5-5　电机编码器线航插针脚定义一览表

针脚编号	功　能	位　置
1	一轴编码器串行数据 DATA+	电机编码器线航插
2	一轴编码器串行数据 DATA−	电机编码器线航插
3	一轴编码器 DC5V 电源+	电机编码器线航插
4	一轴编码器 DC5V 电源−	电机编码器线航插
5	二轴编码器串行数据 DATA+	电机编码器线航插
6	二轴编码器串行数据 DATA−	电机编码器线航插
7	二轴编码器 DC5V 电源+	电机编码器线航插
8	二轴编码器 DC5V 电源−	电机编码器线航插
9	三轴编码器串行数据 DATA+	电机编码器线航插
10	三轴编码器串行数据 DATA−	电机编码器线航插
11	三轴编码器 DC5V 电源+	电机编码器线航插
12	三轴编码器 DC5V 电源−	电机编码器线航插
13	四轴编码器串行数据 DATA+	电机编码器线航插
14	四轴编码器串行数据 DATA−	电机编码器线航插
15	四轴编码器 DC5V 电源+	电机编码器线航插
16	四轴编码器 DC5V 电源−	电机编码器线航插
17	五轴编码器串行数据 DATA+	电机编码器线航插
18	五轴编码器串行数据 DATA−	电机编码器线航插
19	五轴编码器 DC5V 电源+	电机编码器线航插
20	五轴编码器 DC5V 电源−	电机编码器线航插
21	六轴编码器串行数据 DATA+	电机编码器线航插
22	六轴编码器串行数据 DATA−	电机编码器线航插
23	六轴编码器 DC5V 电源+	电机编码器线航插
24	六轴编码器 DC5V 电源−	电机编码器线航插

3. 伺服电机接插件的连接及针脚定义

伺服电机动力线和编码器线缆在机器人内部采用 4Pin（不带刹车）、6Pin（带刹车）和 9Pin（编码器线）的塑料接插件进行连接，稳定可靠，同时方便机器人的拆装，接插件类型及针脚定义见表 5-6。

表 5-6　伺服电机动力线和编码器线缆接插件一览表

接插件编号	功　能	接插件类型
X1	一轴伺服电机动力线接插件	6Pin
X2	一轴伺服电机编码器线接插件	9Pin
X3	二轴伺服电机动力线接插件	6Pin

续表

接插件编号	功　能	接插件类型
X4	二轴伺服电机编码器线接插件	9Pin
X5	三轴伺服电机动力线接插件	6Pin
X6	三轴伺服电机编码器线接插件	9Pin
X7	四轴伺服电机动力线接插件	4Pin
X8	四轴伺服电机编码器线接插件	9Pin
X9	五轴伺服电机动力线接插件	6Pin
X10	五轴伺服电机编码器线接插件	9Pin
X11	六轴伺服电机动力线接插件	4Pin
X12	六轴伺服电机编码器线接插件	9Pin

二、电机动力线缆的内部连接

从底座动力线及刹车线航插引入的动力电缆，在机器人内部需要分别连接到各轴伺服电机上，动力线分为 U、V、W 三相和 PE 接地线，刹车线为 DC24V 电源驱动，机器人本体内部的动力线及抱闸接线如图 5-8 和图 5-9 所示。

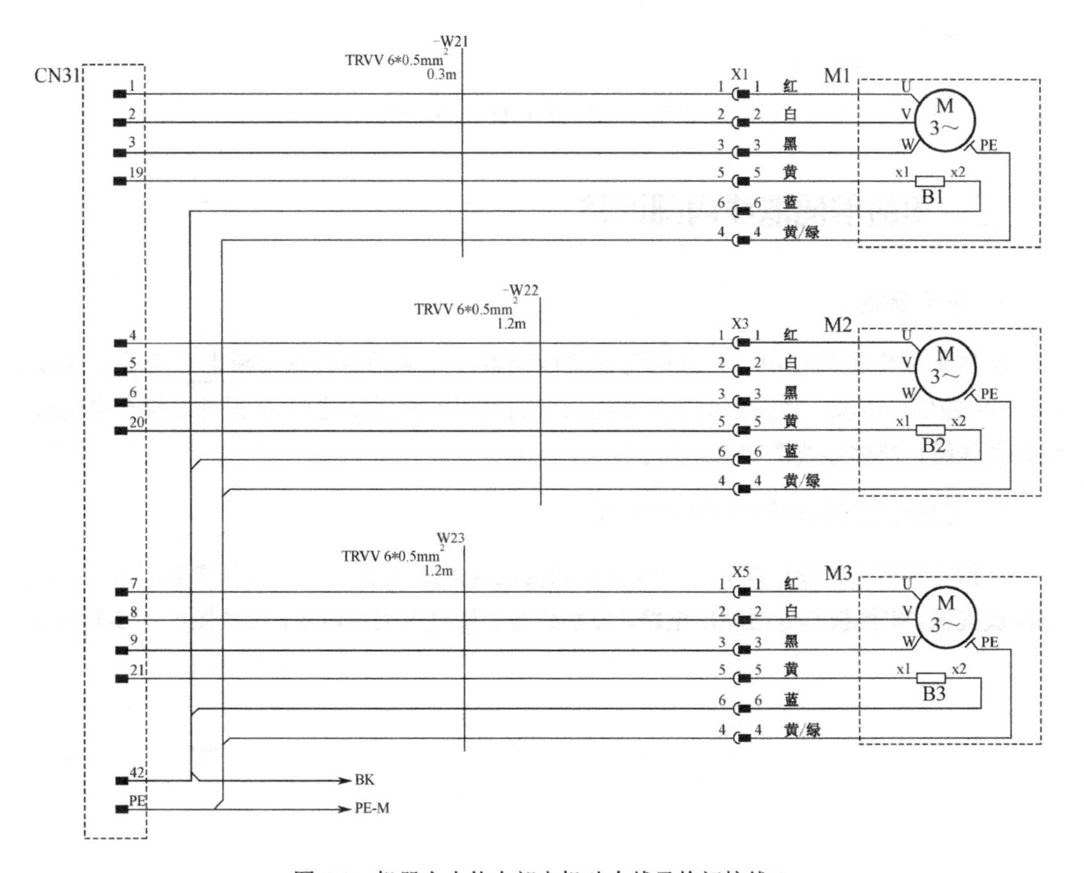

图 5-8　机器人本体内部电机动力线及抱闸接线 1

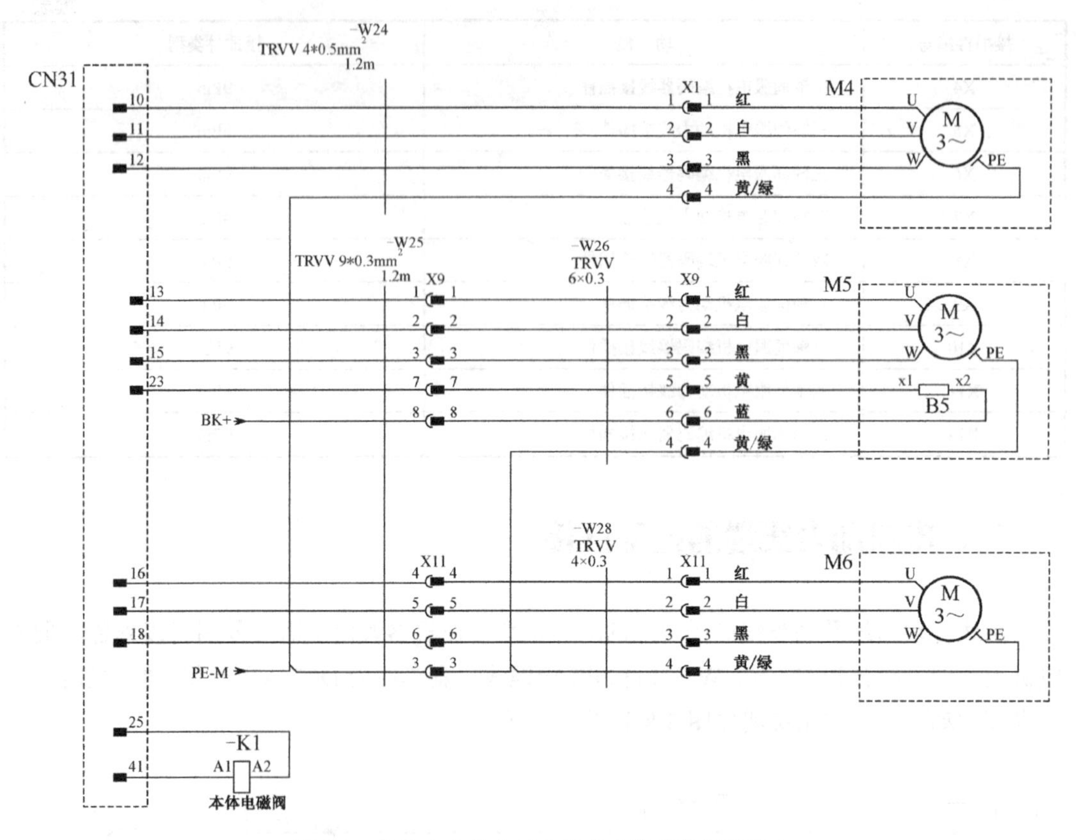

图 5-9　机器人本体内部电机动力线及抱闸接线 2

三、电机编码器线内部连接

1．编码器线

6 轴伺服电机均使用 17 位绝对值式编码器，此编码器在系统断电后需要外部提供 DC3.6V 的供电电源。线缆由机器人底座部分的编码器航插经过 9P 接插件连接至电机自带编码器线缆，整体接线图如图 5-10 所示。

2．连接电缆及编码器电池单元连接

连接电缆有编码器电缆和动力线电缆共两根,电机绝对值式编码器外接 DC3.6V 电源由电池板提供，电池板有 6 组输出电路，分别给 6 个轴电机提供电源，接线图如图 5-11 所示。

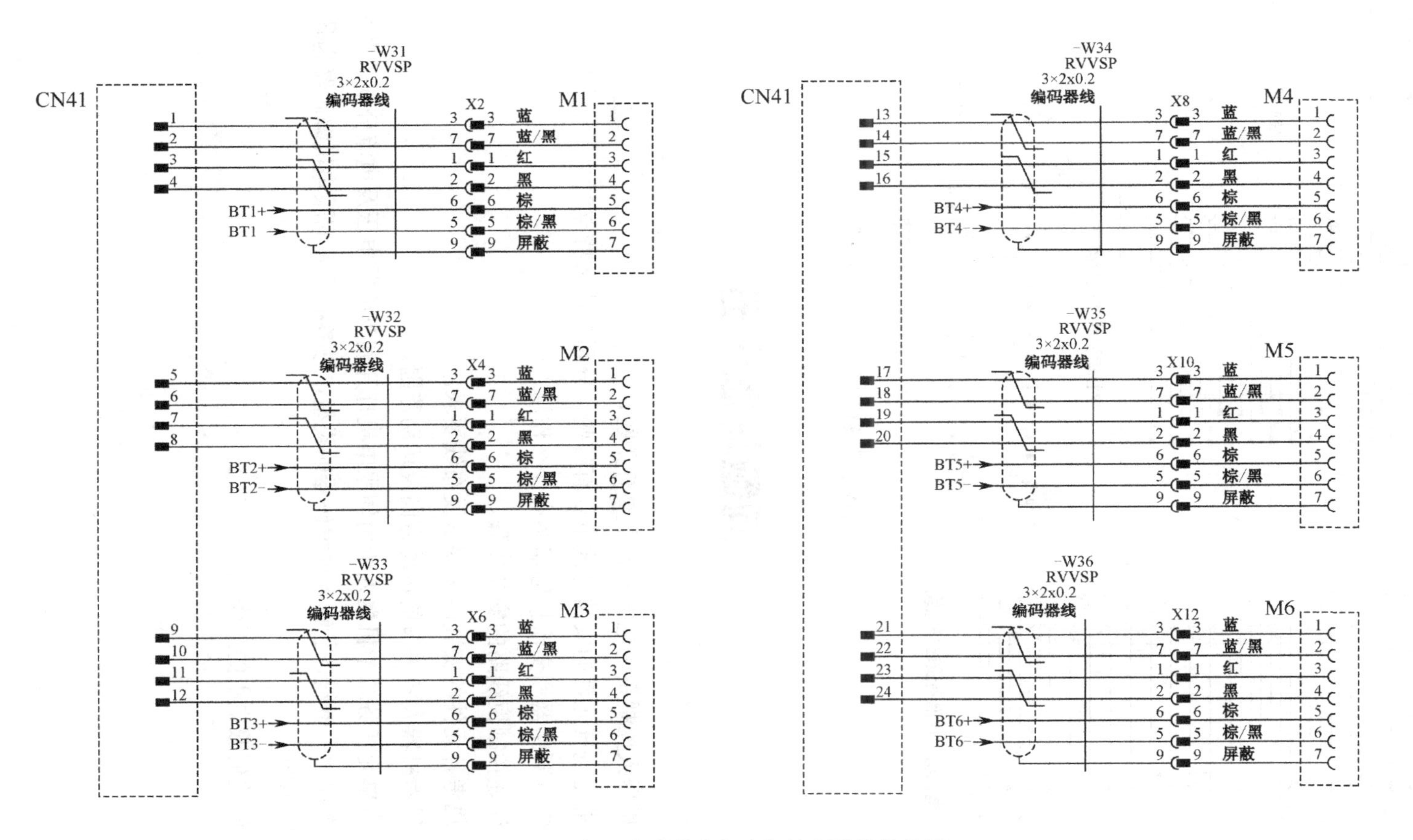

图 5-10　机器人本体内部电机编码器线接线图

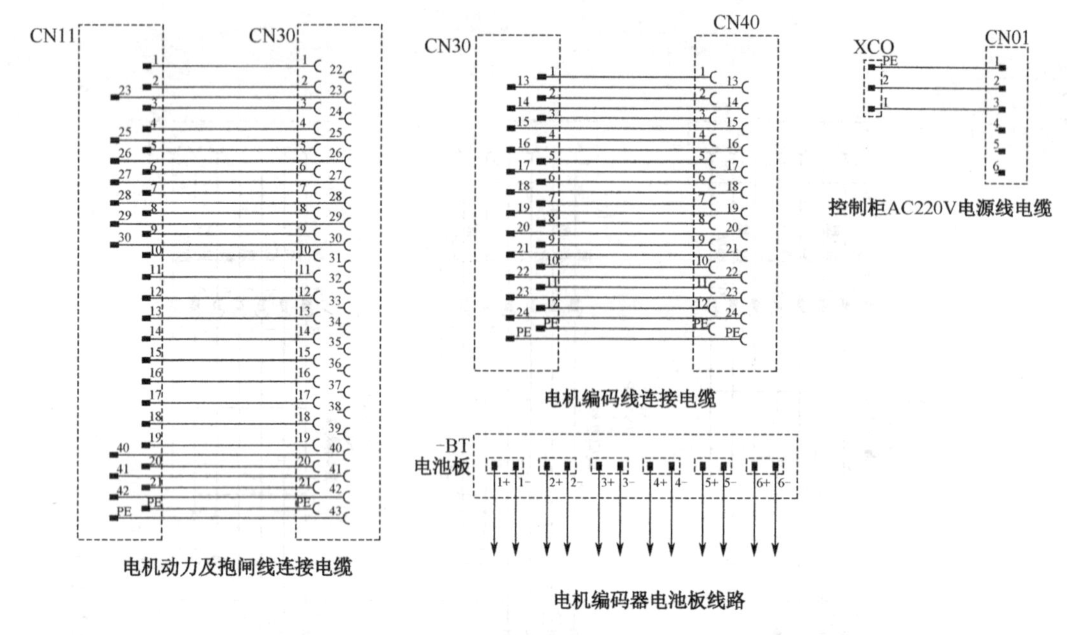

图 5-11　连接电缆及编码器电池单元接线图

问题与思考五

1．机器人控制系统电气元件主要有哪些？

2．常见电气元件的安装方式主要有哪些？分别有什么特点？

3．空气断路器和交流接触器各有什么作用？

4．简述控制柜线路的安装步骤。

5．思考各元件的安装距离要求及布线要求。

6．思考机器人各关节的运动方向及运动范围。

7．本单元任务二中机器人所用伺服电机打开刹车所需电压及电流分别是多少？

8．查找相关资料，了解各种编码器的类型，思考机器人伺服电机编码器为什么需要提供外部电池供电。

9．简述伺服电机的工作原理。

单元六

工业机器人基本运动任务调试

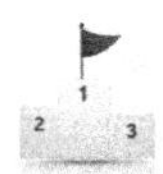

单元描述

本单元主要介绍工业机器人的基本运动任务调试，包括工业机器人的开关机操作、工业机器人运动、工业机器人示教编程等内容。通过本单元的学习，学习者能够对工业机器人的操作形成初步的认识，为后续实训课程的学习打下良好的基础。

虽然现在市场上的工业机器人品牌较多，且采用不同厂家的控制器，但是工业机器人的操作及编程方法基本相似，通过学习一种工业机器人的操作方法，学习者可以举一反三，快速掌握多种品牌机器人的操作方法。因此，本单元以汇博机器人为例进行介绍。

单元目标

1. 了解工业机器人常见的运动命令；
2. 了解工业机器人的编程操作方法；
3. 能够操作实际的工业机器人。

安全事项

工业机器人作为工业现场的执行装置，具有动作灵活、任务适应性强、安全可靠等特点，但是仍会发生意外伤人情况，因此，在操作机器人的过程中，学习者需要遵守以下规定：

◆ 仅当机器人和控制系统正确安装完毕后才可投入作业。

◆ 系统安装和投入作业只能在拥有足够空间安放机器人及其配套的工作区内进行，安全围栏内不得通行。同时，必须检查机器人正常运动条件下与工作区（结构承重柱、供电线缆等）内和安全围栏内部件是否有冲突碰撞。

◆ 所有保护措施均应位于工作区外，并且在可以纵观机器人活动的地点。

◆ 机器人安装区域应尽量避免出现任何障碍性或妨碍视野的器材。

◆ 将机器人固定在支架上，所有外部螺栓和螺钉均应按照产品使用规范紧固至规定的扭矩。

◆ 确保电源电压值符合控制单元需求。

◆ 在控制单元通电前，检查并确认电源的电路断流器处于打开位置。

任务一 工业机器人运动介绍

◎ 任务目标

1. 了解工业机器人的重要组成部分；
2. 掌握工业机器人的开关机操作；
3. 认识工业机器人运动模式；
4. 手动操作机器人进行运动。

◎ 任务描述

机器人本体、控制柜、示教器是机器人的重要组成部分，示教器与控制柜通信，然后控制机器人本体运动。首先认识机器人的人机操作界面——示教器，然后学习开关机操作，在掌握机器人多种运动模式的基础上，实现手动控制机器人运动。

一、工业机器人示教器

如图 6-1 所示，工业机器人一般由机器人本体、控制柜、示教器组成，机器人本体是完成作业任务的物理实体，控制柜包含了控制机器人运动所需的控制器和驱动部分，是机器人的大脑。示教器是机器人的人机交互界面，是机器人系统的重要组成部分，操作者可以通过示教器手动控制机器人运动，并可以在其上编写程序，使机器人能够自动运行。

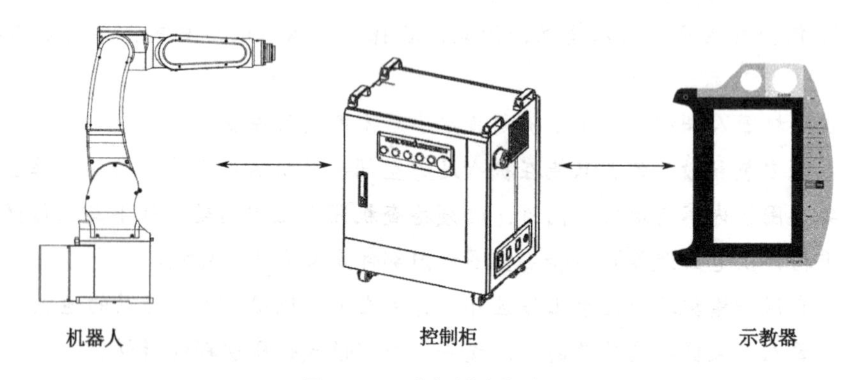

图 6-1 工业机器人组成

本任务介绍的工业机器人采用 KEBA C10 系列机器人控制器，与其配套的机器人示教器可用于控制机器人运动，可创建、修改及删除程序以及变量，可提供系统控制和监控功能，也包括安全装置（启用装置和紧急停止按钮）。示教器前面板如图 6-2 所示，各部位名称见表 6-1。

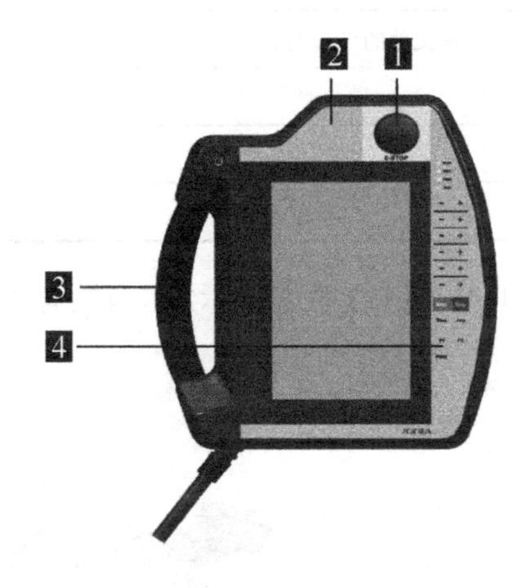

图 6-2　示教器前面板

表 6-1　示教器前面板各部分名称

1	急停按钮
2	模式选择开关（手动、自动、远程）
3	手带
4	按键

示教器后视图如图 6-3 所示，各部位名称见表 6-2。

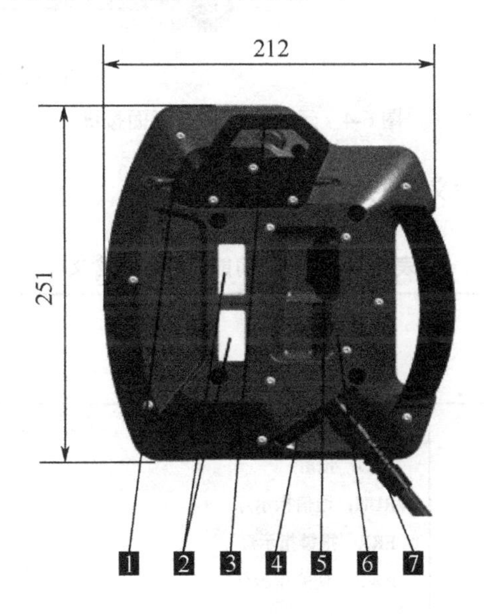

图 6-3　示教器后视图

表 6-2　示教器背部各部位名称

1	触控笔
2	铭牌
3	安装挂架
4	USB 接口（可用来报告导出、程序文件的导入/导出）
5	手压开关
6	电缆连接区域
7	线缆护套

示教器正面有 20 个按键和 4 个 LED 状态指示灯，背面有 3 个按键，如图 6-4（a）、（b）所示。

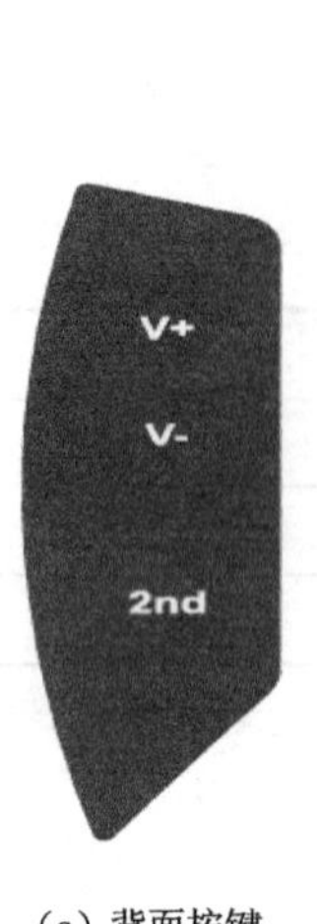

（a）背面按键

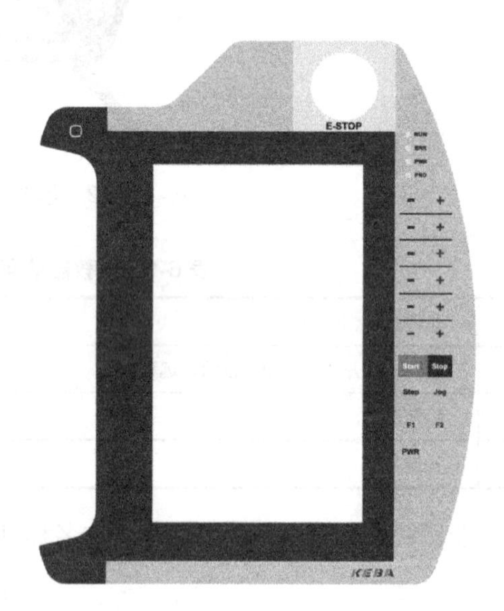

（b）正面按键

图 6-4　示教器背面与正面按键

各按键功能及指示灯含义详见表 6-3。

表 6-3　各按键功能及指示灯含义

	菜单键
PRO RUN ERR PWR	PRO：预留 RUN：通信指示灯 ERR：报警指示灯 PWR：使能指示灯

续表

- + - + - + - + - + - +	机器人运动按键
Start	Start：启动程序
Stop	Stop：暂停程序
Step	Step：切换程序运行方式
Jog	Jog：坐标切换
F1	F1：报警复位
F2	F2：预留
PWR	PWR：使能伺服电机
V+	V+：全局速度加
V-	V-：全局速度减
2nd	2nd：换页键

此示教器为工业机器人专用手持终端，人机界面易操作、人性化，符合人机工程学。示教器左上角图标为菜单键，右侧为状态指示灯、机器人运动操作键及调节键。其中，

系统正常启动后，RUN 灯常亮（绿色），电机使能后，PWR 灯常亮（绿色），报警产生时，PWR 熄灭，并且 ERR 灯常亮（红色）。可通过操作与 A1～A6 对应的-、+键来控制机器人的移动，如通过 Start、Stop 按键来控制程序的运行与停止，F1 可使报警复位，F2 未定义，Jog 按键可切换机器人坐标系，Step 按键可切换程序进入单步或连续运行方式，PWR 按键用于使能电机，2nd 按键用于翻到下一页，V+/V-按键用于调节机器人的运行速度。

二、开/关机操作步骤

正确的开关机操作不仅能够减少对系统元器件的损伤，有效延长系统使用寿命，也能减少意外情况的发生，具体操作如下。

1. 开机步骤

进行操作前，请首先熟读上述本书单元介绍的内容，做好充分的准备工作，并做好安全防护措施。具体来说，准备工作依次如下：

① 将电柜、本体放置在预设位置。其中电柜周围要有良好的通风环境，本体要固定牢固，条件容许的情况下，在本体周围安装护栏；

② 连接电柜与本体间线缆。通常包含：电机动力线、电机编码器线、电机抱闸线（某些机型电机动力线、电机抱闸线为同一线缆）；

③ 给电柜接通电源。注意：接入前请确认电柜输入电源电压、线径要求，并注意接线引脚定义，做好校线工作；

④ 电柜按钮认识，见表 6-4。

表 6-4 电柜按钮

序号	插图	说明
1		主电源开关：打开/关闭电柜输入电源
2		开伺服按钮（绿色）：接通驱动器输入（RST）电源，可选
3		关伺服按钮（红色）：断开驱动器输入（RST）电源，可选

续表

序号	插图	说明
4		使能开关（外部 PLC，可选）：控制伺服电机得电与否（指电机 UVW 相）
5		权限开关（外部 PLC，可选）：外部 PLC 获取控制权限
6		急停按钮（红色蘑菇头）：立即停止机器人运行（紧急情况使用）

开机步骤详见表 6-5。

表 6-5　开机步骤

步骤	插图	说明
1．打开电柜主电源开关		手柄水平方向：关闭（逆时针旋转）； 手柄竖直方向：打开（顺时针旋转）
2．待示教器进入系统登录界面并无任何报警信息，登录系统		进入登录界面后表示系统已准备就绪
3．检查急停按钮是否被按下，若按钮被按下，则需释放急停按钮		共两处：电柜、示教器。提示：急停按钮处于按下状态时，握住蘑菇头并顺时针旋转，即可释放按钮（按钮弹起并伴有声响）
4．单击开伺服按钮 注意：高频率的开关伺服对驱动器内部易造成伤害		单击一次即可，操作成功后按钮被点亮，同时驱动器 RST 接入电源。 提示：某些机型没有开伺服按钮，打开电柜主电源的同时接通驱动器 RST 输入电源，故某些机型省略此步骤
5．按示教器手压开关/PWR 按键，伺服电机得电	PRO RUN ERR PWR	伺服电机得电后，本体才能在手动/自动模式下运动。 示教器状态指示灯： PWR 状态指示灯_点亮　伺服电机得电； PWR 状态指示灯_熄灭　伺服电机不得电

2. 关机步骤

关机步骤详见表 6-6。

表 6-6 关机步骤

步骤	插图	说明
1. 停止系统运行。首先查看程序是否处于运行状态		若程序处于运行状态，则需单击示教器暂停按钮 Stop，停止系统运行 成功后运行状态变化：
2. 断开电机得电。查看 PWR 指示灯是否点亮	PRO RUN ERR PWR	若 PWR 指示灯点亮，表示电机处于得电状态，则需单击示教器按钮 PWR，使电机处于断电状态。成功后指示状态变化： PRO RUN ERR PWR　PRO RUN ERR PWR 提示：若处于手动模式，松开手压开关即可
3. 单击关伺服按钮。 注意：高频率的开关伺服对驱动器内部易造成伤害		单击关伺服按钮的瞬间，开伺服按钮指示灯熄灭，即 提示：某些机型没有关伺服按钮，断开电柜主电源的同时断开驱动器 RST 输入电源，故某些机型省略此步骤
4. 关闭电柜主电源开关		手柄水平方向：关闭（逆时针旋转）； 手柄竖直方向：打开（顺时针旋转）

三、机器人运动方向认识

在操作机器人前，务必已掌握机器人不同坐标系下的运动方向。多关节型工业机器人的运动复杂多样，系统一般可选择多种坐标系来控制机器人的运动。在本书所介绍的机器人系统中，可使用的坐标系有关节坐标系、基坐标系、工具坐标系等。操作过程中，应熟记机器人的运动范围，保证机器人不会与周边发生碰撞。下面以 6 轴机器人为例，进行不同模式下运动方向的讲解。

1. 关节模式下的运动方向

关节坐标系是与机器人本体关节运动轴一一对应的基本坐标系，例如，对于常用的六轴工业机器人，其腰关节为一轴，下臂摆动为二轴，上臂摆动为三轴，手腕回转为四轴，腕部摆动为五轴，手回转为六轴。选择关节坐标系时，可对工业机器人的每一关节进行独立的定位、回转和摆动操作。图 6-5 所示是常用 6 轴工业机器人在关节模式下各个关节的运动方向。

2. 基坐标系模式下的运动方向

基坐标系是工业机器人本体上的虚拟笛卡儿坐标系。选择基坐标系时，机器人可通过 *X*、*Y*、*Z* 坐标来指定末端工具中心点（TCP）的位置，通过若干关节轴的合成运动，使得机器人的末端工具中心点沿 *X*、*Y*、*Z* 轴进行直线运动。在基坐标系下，有 *A*、*B*、*C* 三个坐标用于调整机器人末端的姿态。图 6-6 所示是常用 6 轴工业机器人在基坐标系下的运动方向。

3. 工具坐标系模式下的运动方向

工具坐标系是直接指定和改变末端工具中心点的位置和姿态的坐标系，它是以工具端点为原点，以工具接近工件的有效方向为 *Z* 轴正方向的虚拟笛卡儿坐标系。选择工具坐标系时，机器人可通过 *X*、*Y*、*Z* 指定工具端点位置，或者通过多个关节轴的合成运动，使得工具端点沿工具坐标系的 *X*、*Y*、*Z* 轴进行直线运动。图 6-7 所示是常用 6 轴工业机器人在工具坐标系下的运动方向。

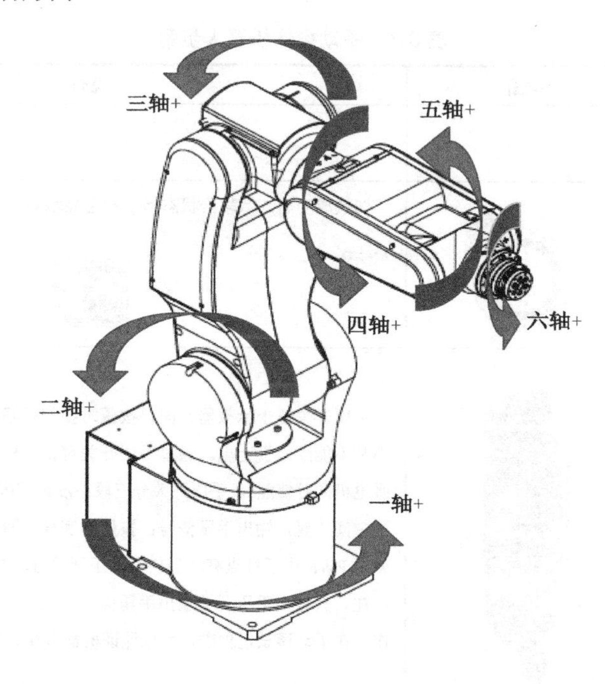

图 6-5 关节坐标系模式

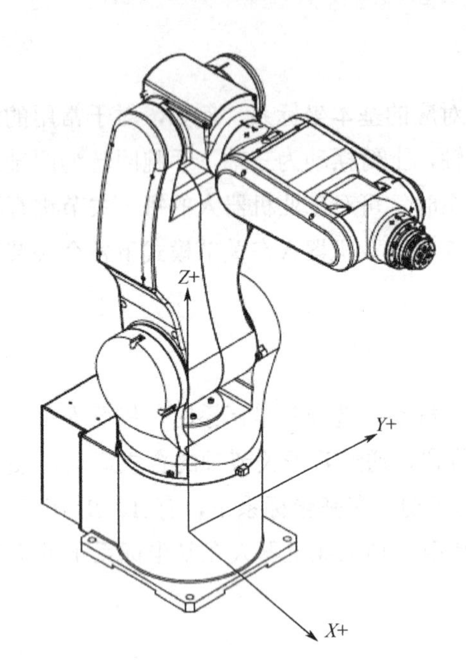

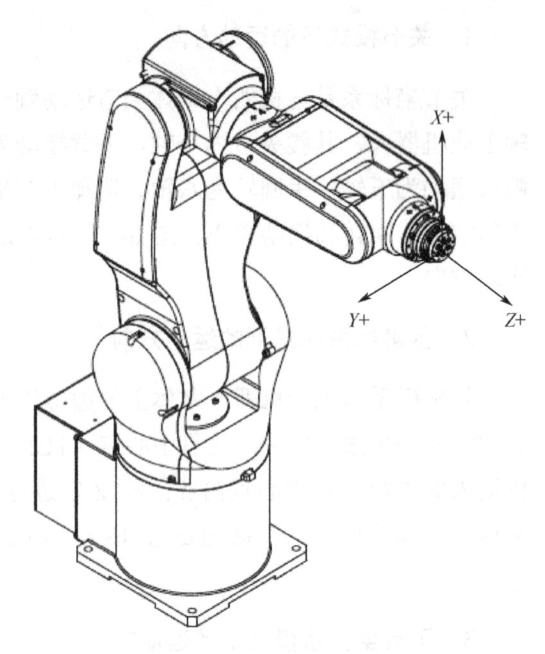

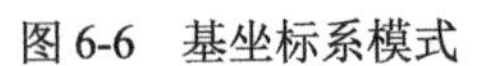
图 6-6　基坐标系模式

图 6-7　工具坐标系模式

4. 手动操作机器人

在工业机器人开机上电后，有时候需要在手动模式下将机器人运动到规定状态，在手动模式下操作机器人运动步骤详见表 6-7。

表 6-7　手动操作机器人步骤

操作步骤	插图	说明
1. 重复表 6-4 所到开机步骤		
2. 将示教器钥匙开关置于手动模式，如右图所示		切换成功后，示教器状态指示栏会显示如下： T1
3. 按示教器手压开关	V+ V- 2nd	手压开关位于示教器背面，按压时要把握好按压力度，力度太大或太小都不能给电机上电。通过手压开关可使能机器人伺服电机（所有轴伺服电机同时使能）。手压开关分三段：没有按压时，断开手压信号；按压至中间位置，输出手压信号；按压至底部，断开手压信号。成功后，示教器 PWR 指示灯点亮，当松开手压开关时，PWR 指示灯熄灭。 **注：**只有当手压开关输出手压信号，机器人才能运动；否则，无法动作。在手动调试过程中，可以保证机器人在突遇紧急情况时及时停止

续表

操作步骤	插图	说明
4. 根据实际情况选择坐标系模式，按下机器人运动按键，控制机器人运行		

任务二　工业机器人示教编程介绍

◎ 任务目标

1. 了解工业机器人的常用编程指令；
2. 掌握工业机器人的示教编程操作。

◎ 任务描述

工业机器人的常用编程指令有点到点指令、直线指令、圆弧指令。通过学习上述编程指令的编写，可以完成工业机器人大部分的任务。同时，本任务以汇博机器人为例介绍了机器人的编程操作，使学习者对机器人编程有一个具体的认识，便于后续进行机器人实训操作。

一、点到点指令、直线指令、圆弧指令介绍

1. 点到点指令（PTP）

该指令表示机器人末端工具中心点将进行点到点的运动（point to point），执行这条指令时所有的轴会同时插补运动到目标点。这条指令的特点是机器人末端工具中心点在基坐标系下的轨迹是一条是不规则的曲线。如图 6-8 所示为机器人从点 A 运动到点 B 的轨迹。

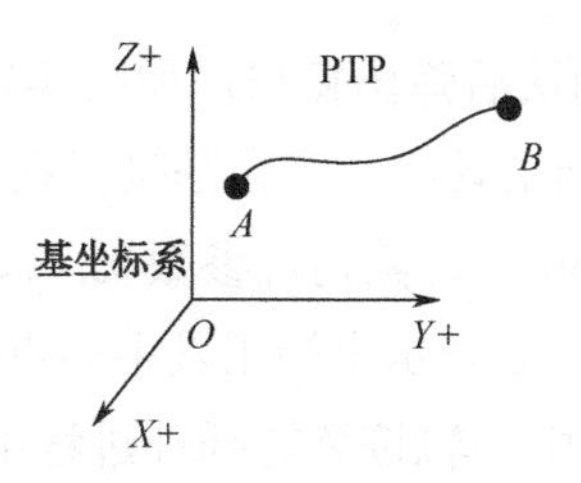

图 6-8　PTP 命令示意

在程序中新建指令 PTP，确认后弹出窗口，如图 6-9 所示。

名字	数值
PTP(ap0)	
pos: POSITION_ (新建)	L test.test1.ap0
a1: REAL	0.00
a2: REAL	0.00
a3: REAL	0.00
a4: REAL	0.00
a5: REAL	0.00
a6: REAL	0.00
dyn: DYNAMIC_ (可选参数)	无数值
ovl: OVERLAP_ (可选参数)	无数值

图 6-9　PTP 命令窗口

PTP 命令中 pos 表示末端工具中心点的位置，即执行 PTP 这条指令之后，末端工具中心点会运动到 ap0 点，其内部参数 a1～a6 表示轴的位置，6 轴机器人有 6 个轴的位置，如果只有 3 个轴的话，只显示到 a3，其他的以此类推。后面的值表示轴相对于零点的位置，如果是旋转轴的话，单位是度；如果是直线轴的话，单位是 mm。dyn 是机器人各关节的角速度参数，ovl 机器人末端工具中心点轨迹的过渡半径。

2. 直线指令（Lin）

Lin 指令为一种直线运动指令，通过该指令可以使机器人末端工具中心点末端以直线移动到目标位置。假如直线运动的起点与目标点的末端工具中心点姿态不同，那么末端工具中心点从起点位置直线运动到目标位置的同时，末端工具中心点姿态会通过姿态连续插补的方式从起点姿态过渡到目标点的姿态。如图 6-10 所示为机器人从点 *A* 运动到点 *B* 的轨迹。

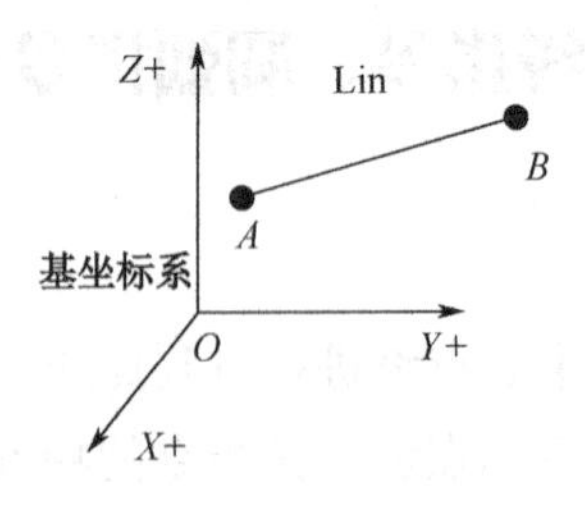

图 6-10　Lin 命令示意

在程序中新建指令 PTP，确认后弹出窗口，如图 6-11 所示。

Lin 指令中的 pos 参数是末端工具中心点在基坐标系中的位置，即执行 Lin 这条指令之后，末端工具中心点会运动到 cp0 点，其内部参数 x、y、z 分别表示末端工具中心点在参考坐标系 3 个轴上的位置，a、b、c 表示末端工具中心点姿态，mode 表示机器人运行工程中的插补模式，在指令执行过程中，轨迹姿态插补过程中插补模式不能更改。dyn 是机器人末端工具中心点的速度参数，ovl 是机器人末端工具中心点轨迹的过渡半径。

名字	数值
Lin(cp0)	
pos: POSITION_ (新建)	test.test1.cp0
x: REAL	0.00
y: REAL	0.00
z: REAL	0.00
a: REAL	0.00
b: REAL	0.00
c: REAL	0.00
mode: DINT	-1
dyn: DYNAMIC_ (可选参数)	无数值
ovl: OVERLAP_ (可选参数)	无数值

图 6-11 Lin 命令窗口

3. 圆弧指令（Circ）

圆弧指令使机器人末端工具中心点从起始点，经过辅助点到目标点做圆弧运动。如图 6-12 所示，点 A 是起始点，点 B 是辅助点，点 C 是目标点，3 点可以确定空间中的一段圆弧。

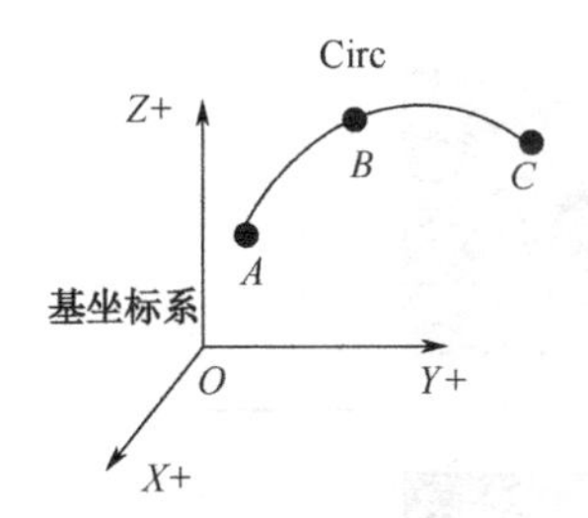

图 6-12 Circ 命令示意

Circ 命令窗口如图 6-13 所示。Circ 指令中的 circPos 参数是机器人末端工具中心点的过渡点，pos 参数是机器人末端工具中心点的目标点。dyn 是机器人末端工具中心点的速度参数，ovl 是机器人末端工具中心点轨迹的过渡半径。

名字	数值
Circ(cp1,cp2)	
circPos: POSITION_	test.test1.cp1
pos: POSITION_	test.test1.cp2
dyn: DYNAMIC_ (可选参数)	无数值
ovl: OVERLAP_ (可选参数)	无数值

图 6-13 Circ 命令窗口

该指令必须遵循以下规定：

① 机器人末端工具中心点做整圆运动，必须执行两个圆弧运动指令。

② 圆弧指令中，起始位置、辅助位置以及目标位置必须能够明显地被区分开。注意：起始位置是上一个运动指令的目标位置或者当前机器人末端工具中心点。

二、新建项目及程序

本书所涉及的工业机器人，在编程之前，需要建立项目和程序文件。项目是某一项任务所有程序的集合，程序则是完成某一项任务中的一部分功能，程序代码在程序中输入，多个程序文件组成了一个完整的项目。新建项目及程序步骤详见表 6-8。

表 6-8　新建项目及程序步骤

操作步骤	插图	说明
1．重复前述开机步骤		
2．将示教器钥匙开关置于手动模式，如右图所示		切换成功后，示教器状态指示栏会显示如下：  T1
3．单击菜单键		
4．单击文件夹图标	 xisTe Test estBeforeDeliver	
5．单击项目	 项目	弹出界面： 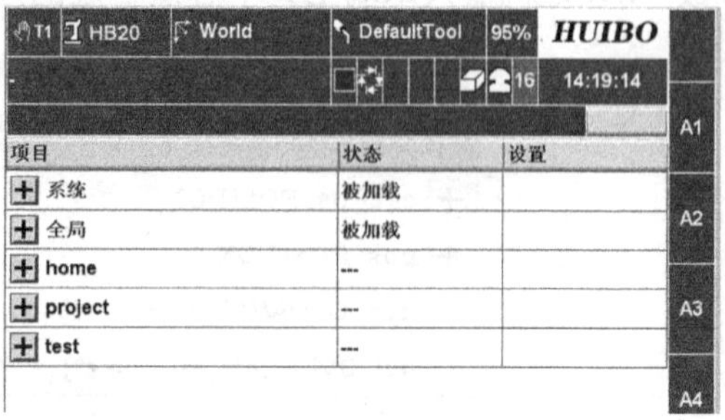 T1 HB20 World DefaultTool 95% HUIBO 16 14:19:14 A1 A2 A3 A4 项目 / 状态 / 设置 系统 被加载 全局 被加载 home --- project --- test ---

续表

操作步骤	插图	说明
6．依次选择“文件”→“新建项目”，并输入项目名称与程序名称，单击“确认”键，如右图所示	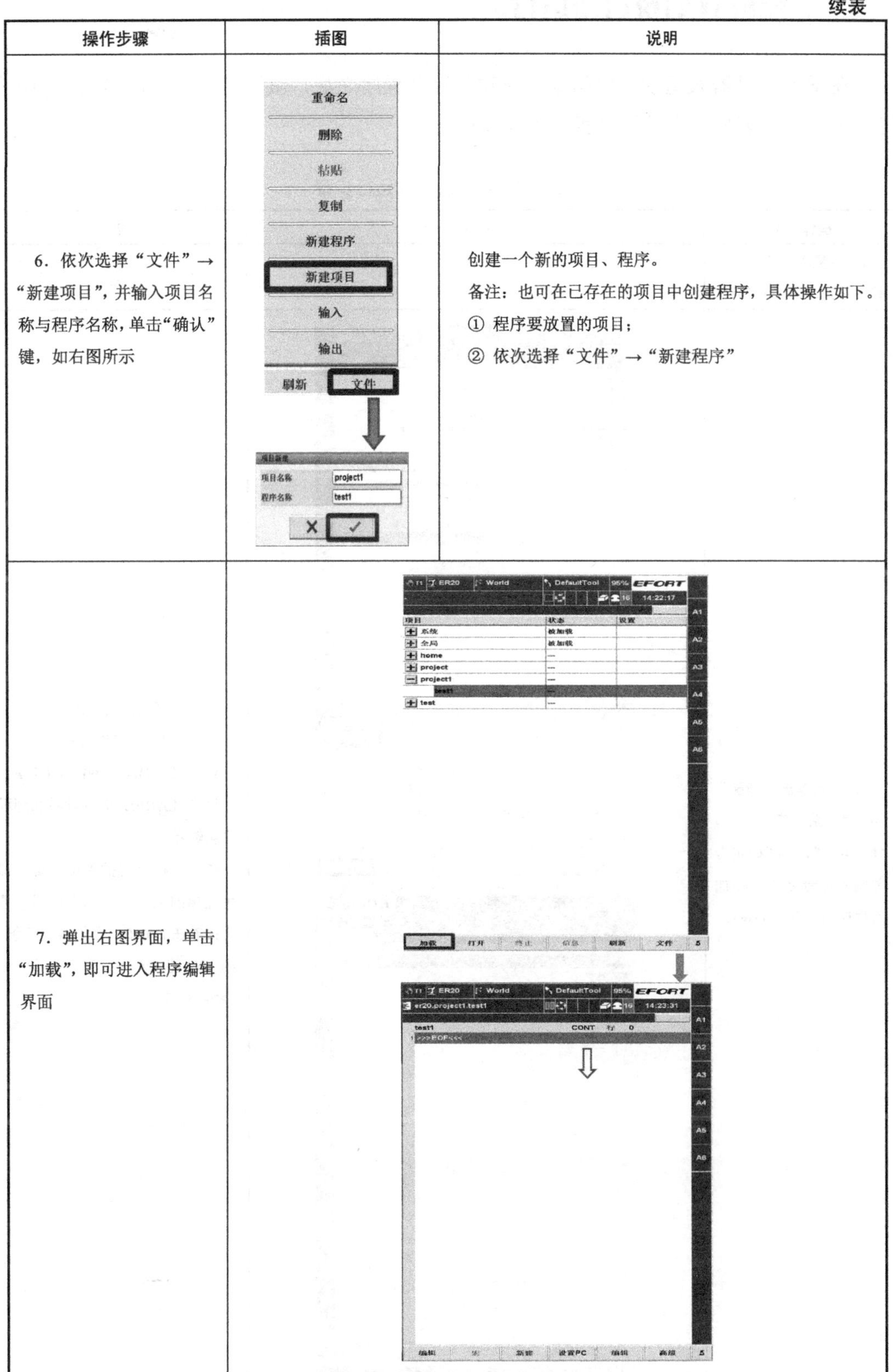	创建一个新的项目、程序。 备注：也可在已存在的项目中创建程序，具体操作如下。 ① 程序要放置的项目； ② 依次选择“文件”→“新建程序”
7．弹出右图界面，单击“加载”，即可进入程序编辑界面		

三、编程介绍及自动运行

在学习了机器人运动常用指令及新建项目及程序之后，就可以开始对机器人自动运行进行编程了，编程及自动运行步骤见表 6-9。

表 6-9　编程及自动运行步骤

操作步骤	插图	说明
1．重复表 6-7 所列步骤，新建项目及程序		
2．依次单击“新建”→“系统”→“LABEL”…→“确定”，并输入标号名称，添加流程控制指令 **LABEL**	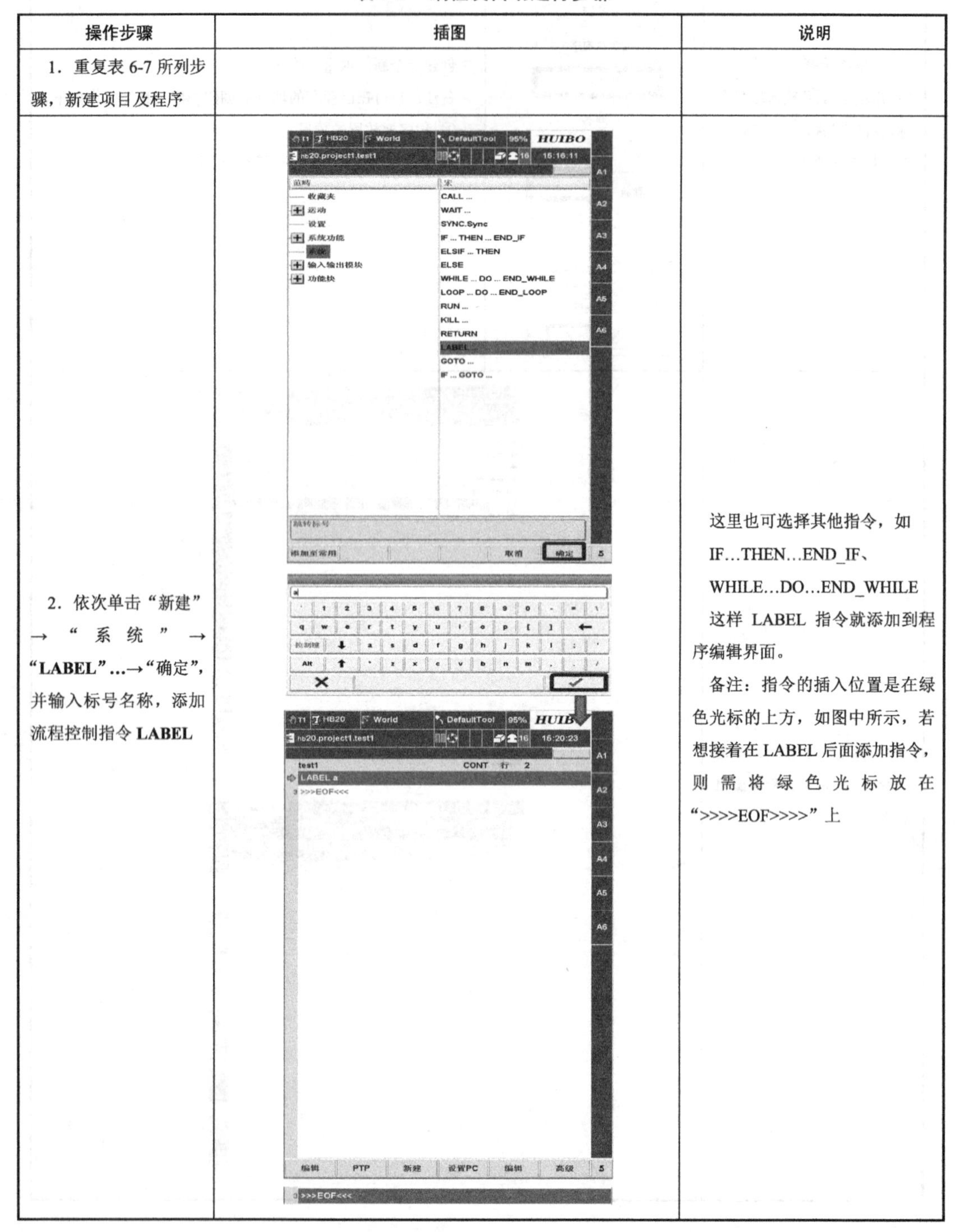	这里也可选择其他指令，如 IF…THEN…END_IF、WHILE…DO…END_WHILE 这样 LABEL 指令就添加到程序编辑界面。 备注：指令的插入位置是在绿色光标的上方，如图中所示，若想接着在 LABEL 后面添加指令，则需将绿色光标放在“>>>>EOF>>>>”上

续表

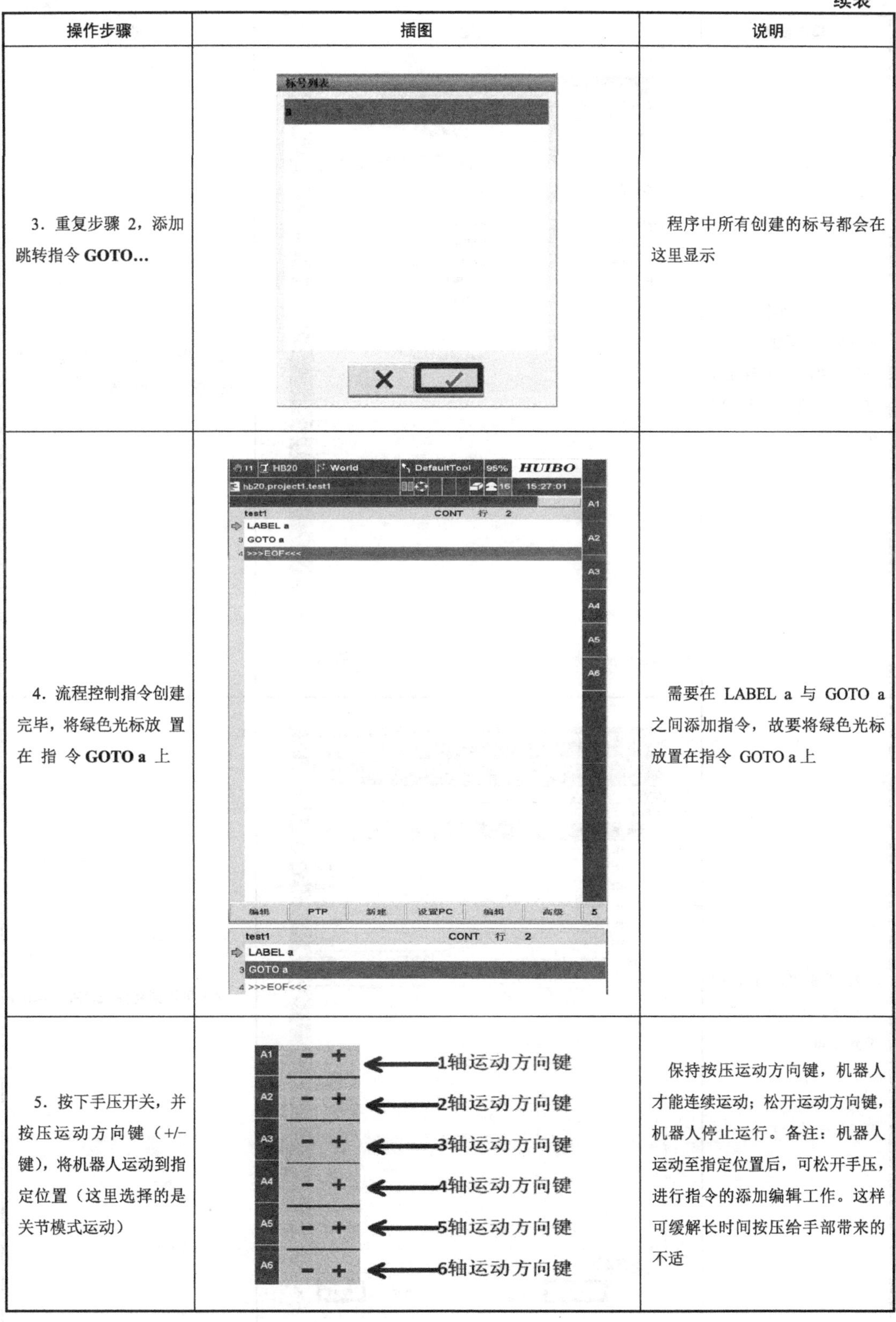

操作步骤	插图	说明
3. 重复步骤 2，添加跳转指令 **GOTO…**		程序中所有创建的标号都会在这里显示
4. 流程控制指令创建完毕，将绿色光标放置在指令 **GOTO a** 上		需要在 LABEL a 与 GOTO a 之间添加指令，故要将绿色光标放置在指令 GOTO a 上
5. 按下手压开关，并按压运动方向键（+/–键），将机器人运动到指定位置（这里选择的是关节模式运动）		保持按压运动方向键，机器人才能连续运动；松开运动方向键，机器人停止运行。备注：机器人运动至指定位置后，可松开手压，进行指令的添加编辑工作。这样可缓解长时间按压给手部带来的不适

续表

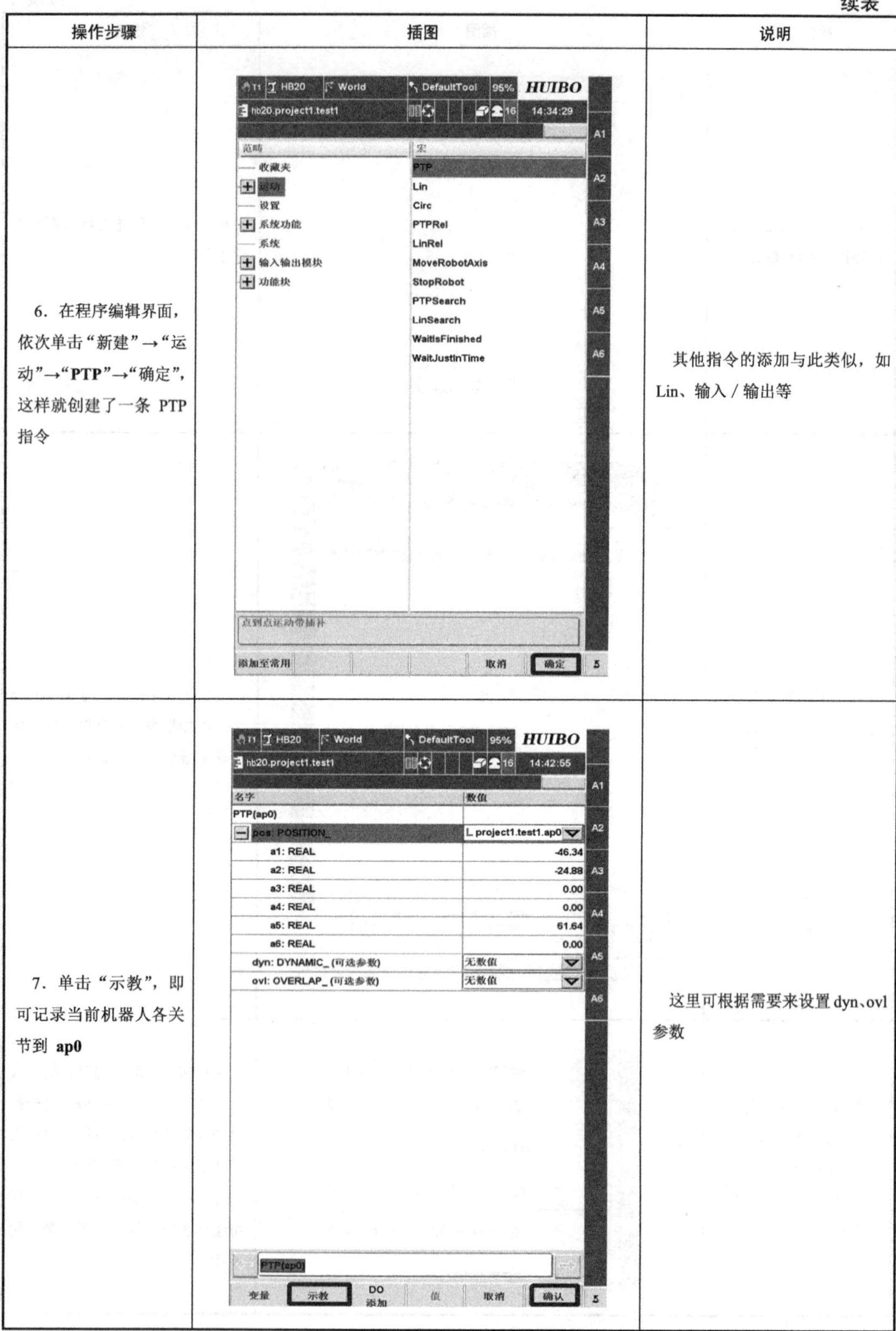

操作步骤	插图	说明
6．在程序编辑界面，依次单击“新建”→“运动”→“**PTP**”→“确定”，这样就创建了一条 PTP 指令		其他指令的添加与此类似，如 Lin、输入／输出等
7．单击“示教”，即可记录当前机器人各关节到 **ap0**		这里可根据需要来设置 dyn、ovl 参数

续表

操作步骤	插图	说明
8．单击“确认”，回到程序编辑界面，可以看到 **PTP（ap0）** 已添加到程序中		备注：指令的插入位置是在绿色光标的上方，如图中所示，若想接着在 **PTP（ap0）** 后面添加指令，则需将绿色光标放置在 GOTO a 上
9．重复操作 2~4 添加 **PTP（ap1）**、**PTP（ap2）** 及其他指令		

续表

操作步骤	插图	说明
10．降低调整运行速度至20%，手动模式下，对机器人运行轨迹进行确认，以免本体与周围发生碰撞。		
11．轨迹确认完后，将示教器钥匙开关置于自动模式，如右图所示。		切换成功后，示教器状态指示栏会显示如下：A。
12．单击示教器 PWR 按键	PWR	PWR 指示灯常亮（绿色）
13．单击启动按键，启动程序运行	Start	
14．点击暂停按键，暂停程序运行	Stop	

前文介绍了工业机器人的编程及运行操作，接下来，我们对前文编写的程序进行解释。

```
第一行    LABEL a      //建立标签a
第二行    PTP (ap0)    //机器人从当前位置以PTP方式运动到ap0点
第三行    PTP (ap1)    //机器人从ap0以PTP方式运动到ap1点
第四行    PTP (ap2)    //机器人从ap1以PTP方式运动到ap2点
第五行    GOTO a       //机器人程序跳转到第一行的位置，再次执行程序
```

以上程序是一小段循环运动程序，可以控制机器人在 ap0、ap1、ap2 三点之间往复运动。由于机器人的命令众多，且与用途有关，限于篇幅，本书将不再对机器人的全部命令及其功能、编程格式进行详细介绍。

问题与思考六

1．工业机器人系统由哪三个部分组成？

2．工业机器人示教器的作用是什么？

3．工业机器人在开机和关机之前需要注意的事项有哪些？

4．工业机器人常见的运动方式有哪些？

5．工业机器人示教器上的手压开关的作用是什么？

6．工业机器人常用的运动指令有哪些，其特点是什么？

7．工业机器人编程中的项目和程序的关系是什么？

8．工业机器人的手动操作和自动运行的区别及作用是什么？

单元七

工业机器人常见故障分析及精度检测方法

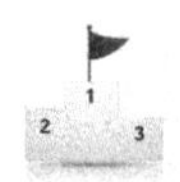

单元描述

本单元主要介绍工业机器人在使用过程中一些常见的故障以及机器人精度检测的常用方法。机器人常见的一些故障包括机械部件异常和电气系统异常两部分；机器人精度检测按照现行的国家标准 GB/T12642—2001《工业机器人性能规范及其试验方法》执行。本单元中，针对易拆装工业机器人重复精度测试，采用了一种简易的测试方法，即用百分表进行重复定位精度测试可以快速便捷、直观地得出测试结果，而且测试精度能够保证在误差范围之内。

单元目标

1. 了解工业机器人常见的机械故障及解决办法；
2. 了解工业机器人的精度检测方法；
3. 能够正确使用百分表测量机器人的重复定位精度。

任务一　机器人常见故障及其解决办法

◎ 任务目标

1. 了解工业机器人常见的机械部件故障；
2. 了解工业机器人常见的电气系统故障；
3. 能够对一些工业机器人常见的故障进行排除和处理。

◎ 任务描述

机器人设计原则上必须达到即使发生异常情况，也可以立即检测出异常，并立即停止运行。即便如此，机器人在运行过程中仍可能会出现各种异常状况，这时候就需要人为去判断和处理。

机器人常见的故障有：

① 发生故障，直到修理完毕才能运行的故障。

② 发生故障，放置一段时间后又可以恢复运行的故障。

③ 即使发生故障，只要关闭电源后再重新上电则又可以运行的故障。

④ 即使发生故障，立即就可以再次运行的故障。

⑤ 非机器人本身，而是系统侧的故障导致机器人异常动作的故障。

⑥ 因机器人侧的故障，导致系统侧异常动作的故障。

机器人动作、运转发生某种异常时，如果不是控制装置出现异常，就应考虑是因机械部件损坏所导致的异常。为了迅速排除故障，首先需要明确掌握异常的现象，并判断是由于什么部件出现问题而导致的异常。

第 1 步　初步判断是哪一个轴部位出现了异常

首先要了解是哪一个轴部位出现异常现象。如果没有明显异常动作而难以判断时，应对有无发出异常声音的部位、有无异常发热的部位、有无出现间隙的部位等情况进行调查。

第 2 步　判断哪一个部件有损坏情况

判明发生异常的轴后，应调查哪一个部件是导致异常发生的原因。一种现象可能是由多个部件导致的。常见故障现象和原因见表 7-1。

表 7-1　常见故障现象和原因

故障说明＼原因部件	减速器	伺服电机
过载[注 1]	O	O
位置偏差	O	O
发生异响	O	O
运动时振动[注 2]	O	O
停止时晃动[注 3]		O
轴突然掉落	O	O
异常发热	O	O
误动作、失控	O	O

[注 1]：负载超出伺服电机额定规格范围时出现的现象。

[注 2]：动作时的振动现象。

[注 3]：停机时在停机位置周围反复晃动数次的现象。

第 3 步　问题部件的处理

下面介绍减速器和电机的检查及常见故障的处理方法。

减速器损坏时会产生振动、异常声音。此时，会妨碍正常运转，导致过载、偏差异常，出现异常发热现象。此外，还会出现完全无法动作及位置偏差。

① 检查方法。

检查润滑脂中铁粉量：润滑脂中的铁粉量增加浓度约在 1×10^{-3} 以上时则有内部破损的可能性。每运转 5000 h 或每隔 1 年（装卸用途时则为每运转 2500h 或每隔半年），应测量减速器的润滑脂中铁粉的浓度，超出标准值时，有必要更换润滑脂或减速器。

检查减速器温度：温度较通常运转上升 10℃时基本可判断减速器已损坏。

② 处理方法。

更换减速器。

1．更换四、五、六轴电机与减速器前准备工作

做好更换四、五、六轴电机与减速器前的准备工作，其中护盖拆卸示意图如图 7-1 所示。

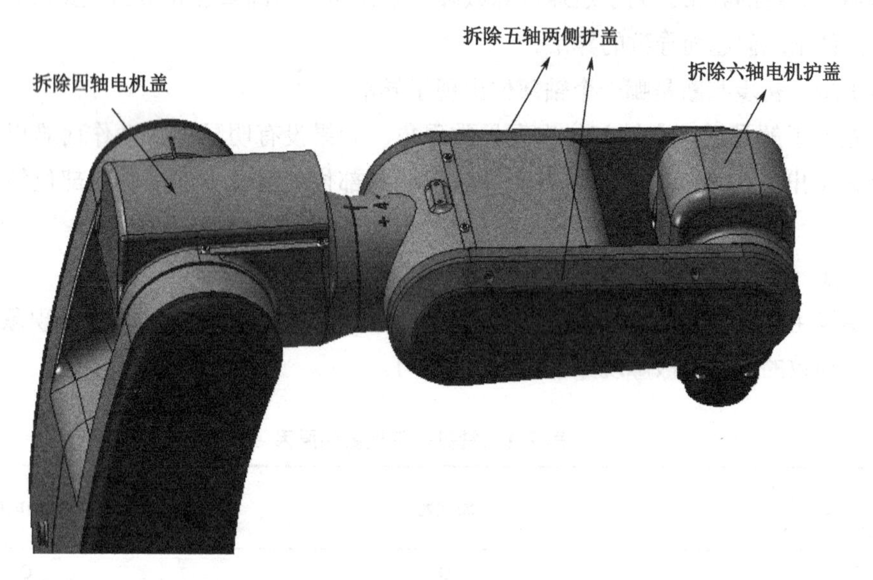

图 7-1　护盖拆卸示意图

注意：在对机器人进行故障排除时务必要切断电源！

1）更换六轴电机与减速器

可拆装工业机器人的电气线与机械本体连接在一起，即电气线在机械本体内，因此，在维修机械本体时，应注意电气线的布局，避免将电气线弄断。

如图 7-2 所示，在更换六轴电机或减速器时，应首先将机器人运动到图 7-1 所示姿态，将六轴电机保护罩上的螺钉拧掉，并取下六轴电机保护罩，将六轴电机的快插接头拔下。此时，将六轴减速器上的连接螺钉拆除，取出六轴谐波减速器。在取出减速器时注意不要损坏减速器本体。缓慢取出减速器后再将减速器的波发生器与柔轮分别取出，便可拆下六轴伺服电机。

重新安装时，应首先将电机安装到手腕体上并紧固，将波发生器与柔轮固定在电机轴上，再将减速器安装在手腕体上。安装减速器时，应边旋转电机边安装到手腕体上。六轴电气布线顺序为：首先将六轴电机线沿电机反方向后端布线；六轴电机前端的快插安装在

六轴电机保护罩和手腕连接体中间的空隙处；最后将六轴电机线固定在手腕连接体上。

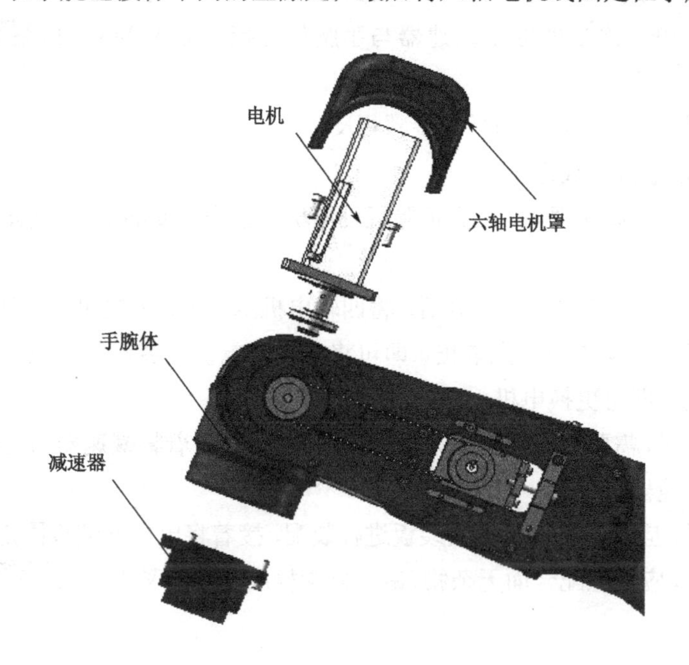

图 7-2　六轴电机与减速器拆卸示意图

2）更换五轴电机与减速器

如图 7-3 所示，首先将两端防护盖板取出；接着将五轴电机快插拔掉；再将五轴同步带调整板上的螺栓 M4×30 取出；随后将同步带轮取出，取出电机与输入输出带轮配合处 M3×10 螺栓后将五轴减速器与电机上五轴输入/输出带轮取出；最后将电机与五轴同步带调整板螺栓取出，即可取出电机。

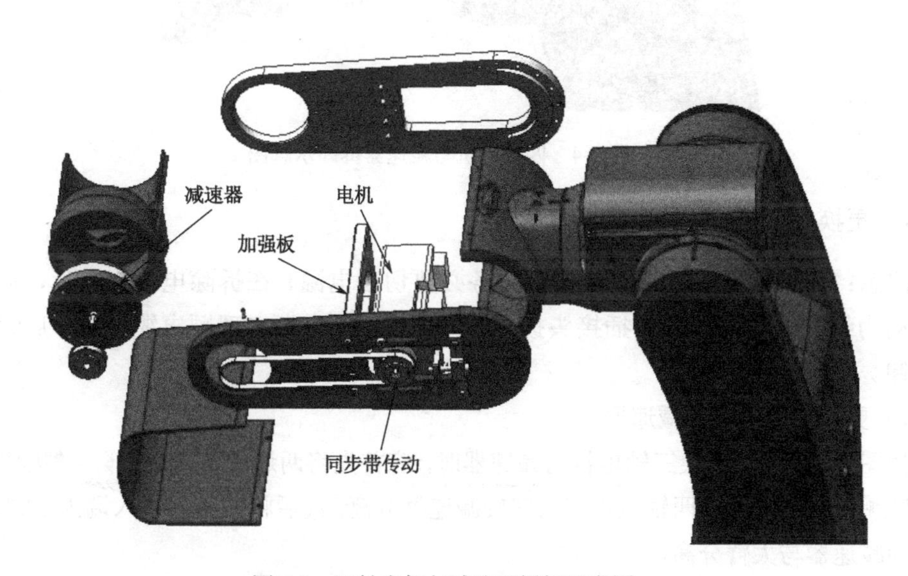

图 7-3　五轴电机与减速器拆卸示意图

参照更换六轴减速器和更换六轴电机的方法将六轴减速器与电机拆下后，将手腕连接体与手腕体分开，之后即取出减速器与手腕体连接的 8 个 M3×25 螺栓，便可取出五轴减速器。

重新安装减速器时，顺序与拆卸步骤相反。

3）更换四轴电机与减速器

更换四轴电机与减速器时，应先拆除五轴电机，将手腕部分拆除，具体方法请参照更换五轴电机的方法。

如图 7-4 所示，在拆除手腕部分后，将四轴电机罩取下，将电机电气线接口取下后，再将同步带调整板压盖从电机座上取出，即可将电机与电机安装板整体取出，最后将电机与电机安装板拆装后即可更换电机。

拆除减速器时，需要先将四轴过渡板上的螺栓拆除，接着将减速器与电机座固定的螺栓拆除即可取出减速器。

重新安装时，应首先将电机与安装板进行装配，接着将电机安装板固定在电机座上。重新安装减速器时，应保证配合面无杂物，减速器螺栓应采用交叉十字法分三到四次增加到相应力矩值。

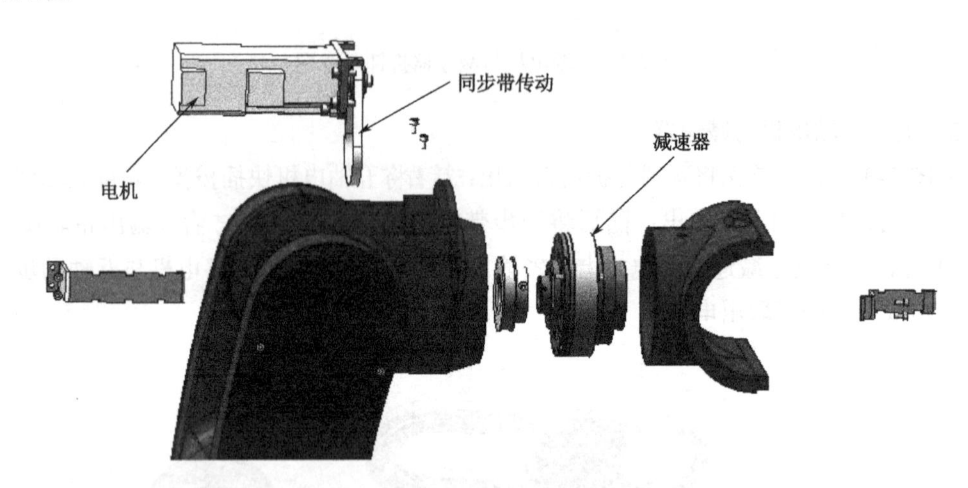

图 7-4　四轴电机与减速器拆卸示意图

2. 更换一、二、三轴电机与减速器

注意：在对机器人进行故障排除时务必要切断电源！在拆除电机护盖后，将各个电机的动力线和编码器线的对插接头拔开，将束线扎带剪断，理顺电缆，便于后续零部件的拆卸。

1）更换三轴电机与减速器

如图 7-5 所示，更换三轴电机与减速器时，应首先将两边大臂盖板拆除；然后将减速器输出端固定螺钉取出，即可将四轴电机座与三轴减速器分离；最后将减速器输入端固定螺钉取出，将三轴减速器与大臂分离。

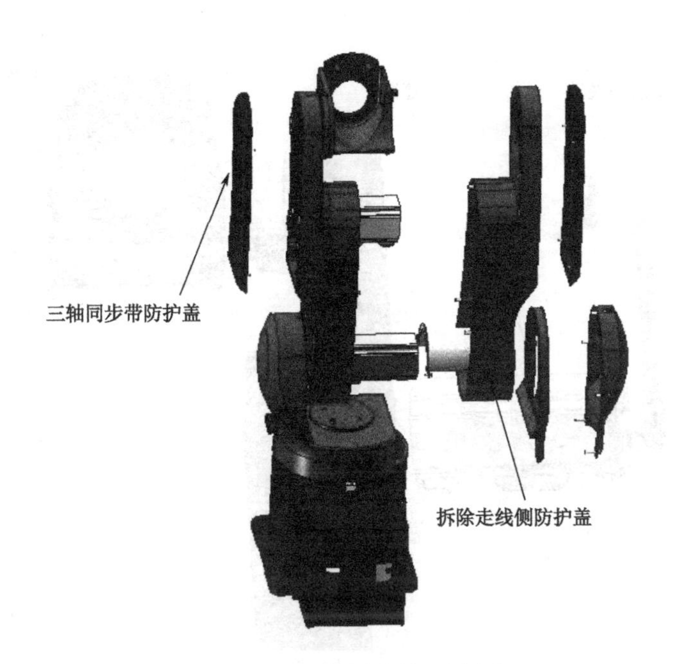

图 7-5　三轴护盖拆卸示意图

拆除三轴电机时，如图 7-6 所示，应首先将大臂内线束支撑板拆除，后将大臂线束防护套拆除；然后将同步带张紧螺钉拧松，将同步带及带轮拆除，将电机上的螺栓取出，即可将三轴电机取出。由于输入带轮和电机的配合关系，故拆除时可能较困难，此时可以先将电机连同调整板一起拆除，后取出输入带轮。

安装时，应与拆除步骤相反，同时应注意，减速器安装时应重新更换润滑脂，润滑脂体积占总填充空间体积的百分之七十。螺栓应涂抹螺纹紧固胶，同时由于谐波减速器对工作条件要求较高，因此在安装谐波减速器时，应将其内部清理干净，防止灰尘、铁屑进入减速器内。三轴电气线布局：电气线穿过电机后固定在大臂内线束支撑板上，再拆除电机时，应先将大臂内线束支撑板上的卡扣分开；重新安装时，在安装三轴电机保护罩时应该将电气线穿出大臂，待电机安装好后再将其固定在大臂内线束支撑板上。

2）更换二轴电机与减速器

更换二轴电机与减速器时，应先将大臂和二轴电机减速器组合体一起拆除，然后将二轴电机减速器组合体与大臂连接的固定螺钉取出，即可将二轴电机减速器与大臂分离，取出电机与减速器的组合体，可以进一步将电机与减速器分离，如图 7-7 所示。

安装时，应与拆除步骤相反，同时应注意，减速器安装时应重新更换润滑脂，润滑脂体积占总填充空间体积的百分之七十。螺栓应涂抹螺纹紧固胶，同时由于谐波减速器对工作条件要求较高，因此在安装谐波减速器时，应将其内部清理干净，防止灰尘、铁屑进入减速器内。

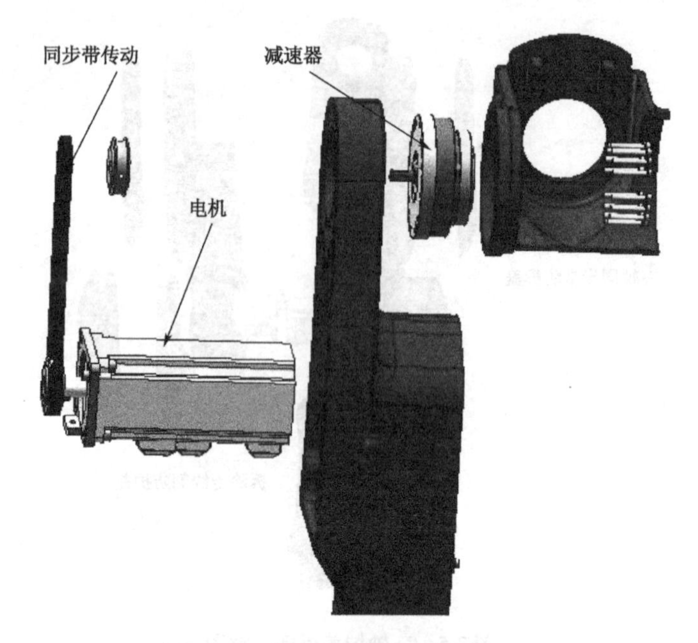

图 7-6　三轴电机与减速器拆卸示意图

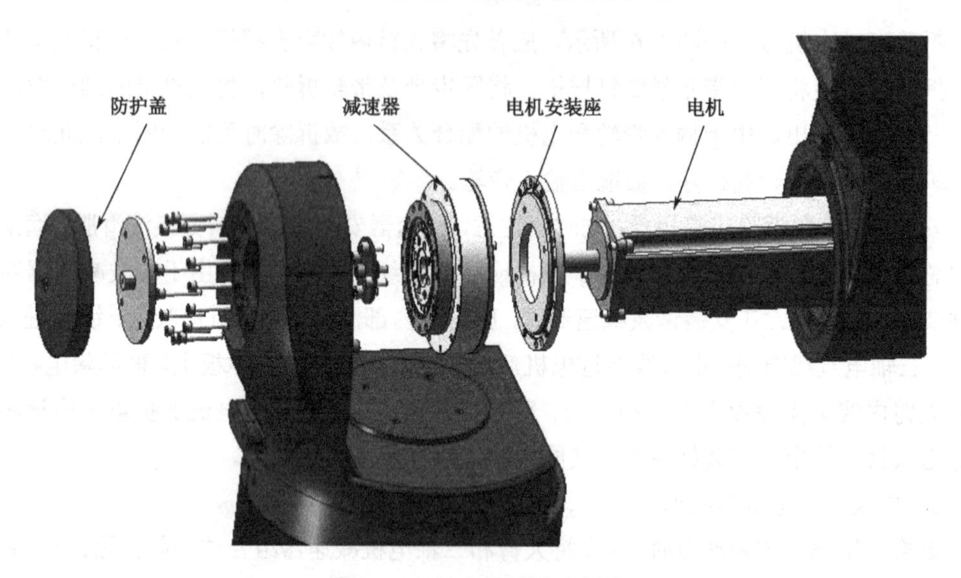

图 7-7　二轴电机拆卸示意图

3）更换一轴电机与减速器

更换一轴电机与减速器时，应将转座拆除，拆除方法如图 7-8 所示。将转座螺栓从底座过渡板中拆除，即可拿出转座；取下转座后，将底座过渡板中的螺栓拆除，即可取出底座过渡板，之后即可取出一轴减速器与电机的组合体。参照更换二轴电机与减速器的方法即可更换一轴减速器与电机。

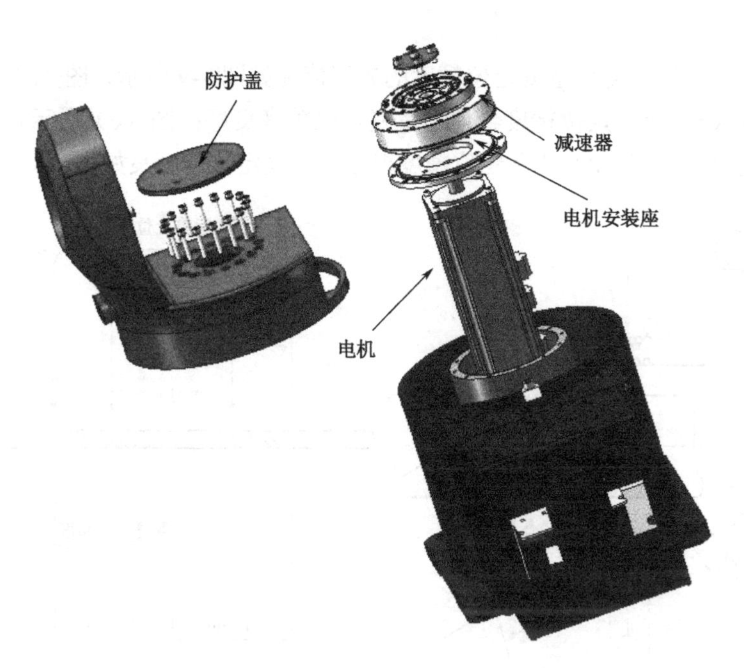

图 7-8　一轴电机与减速器拆卸示意图

任务二　机器人重复定位精度检测方法

◎ 任务目标

1. 了解工业机器人的精度检测方法；
2. 了解使用激光跟踪仪测量系统进行机器人重复定位精度测量的原理；
3. 能够正确使用百分表测量机器人的重复定位精度。

◎ 任务描述

随着工业机器人在搬运、点焊、弧焊、喷涂、去毛刺、钻孔和装配等制造领域的广泛应用，工业机器人的重复性、准确性等精度指标就显得越来越重要。在一些利用机器人进行焊接或者测试等场合，对机器人的重复定位精度提出了更高的要求，而如何测试机器人的相关精度指标，一般机器人厂家未给出具体的方法和标准。针对这一问题，本任务介绍了常用的机器人精度测试方法，可以方便快捷地测试机器人的精度，从而保证机器人在进行拆装之后快速标定精度。

定位精度和重复定位精度是机器人的两个精度指标。定位精度是指机器人末端操作器的实际位置与目标位置之间的偏差，由机械误差、控制算法误差与系统分辨率等组成。重复定位精度是指在同一环境、同一条件、同一目标动作、同一命令下，机器人连续重复运动若干次时，其位置的分散情况，是关于精度的统计数据。因重复定位精度不受工作载荷变化的影响，故通常用重复定位精度这一指标作为衡量示教-再现工业机器人水平的重要指标。

工业机器人定位精度和重复定位精度的典型情况如图 7-9 所示，图（a）为重复定位精度的测定；图（b）所示定位精度合理，重复定位精度良好；图（c）所示定位精度良好，重复定位精度很差；图（d）所示定位精度很差，重复定位精度良好。

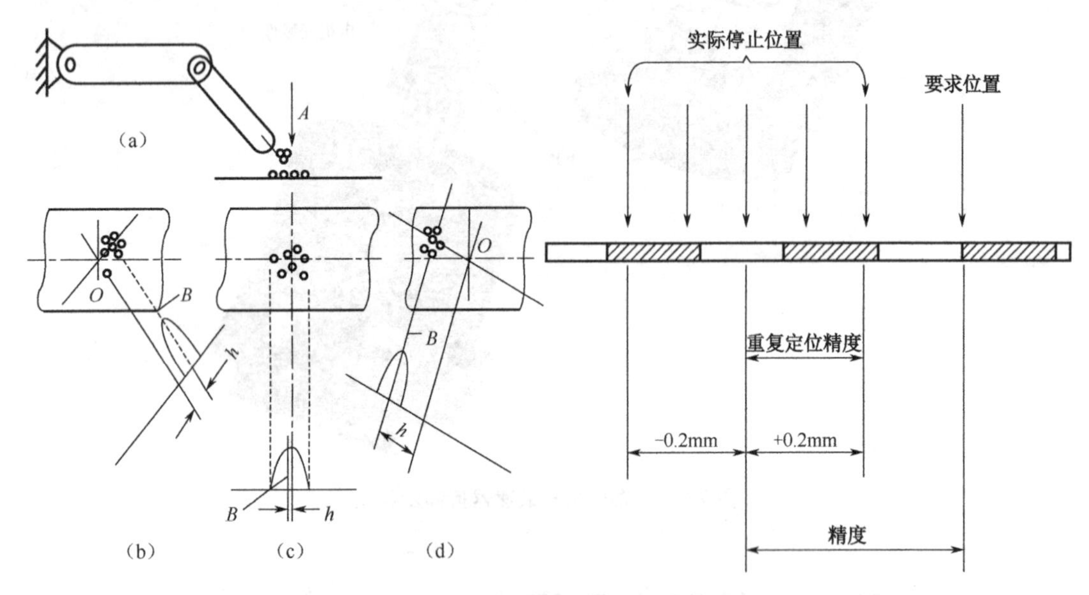

图 7-9　机器人定位精度和重复定位精度典型情况

按照国家标准 GB/T12642—2001 的规定，工业机器人的性能规范包括位姿特性、距离准确度和重复性、轨迹特性、最小定位时间、静态柔顺性和面向应用的特殊性能规范。

表 7-2　工业机器人性能指标

序号	指标
1	位姿准确性和重复性
2	多方向位姿准确度变换
3	距离准确度和重复性
4	位姿稳定时间、位姿超调量
5	互换性
6	轨迹准确度和重复性
7	重定向轨迹重复度
8	拐角偏差
9	轨迹速度特性
10	最小定位时间
11	静态柔顺性

表 7-2 中比较全面地列出了工业机器人的性能指标。

1. 工业机器人测试方法

在测试工业机器人时，必须是在额定负载下按照国家标准 GB/ T12645—2001 所规定的测试环境、测试速度、测试步骤，以及按规定设置的测试点和测试轨迹进行。工业机器人性能规范的测试方法和测试设备仍在不断的开发中，就目前而言，可归纳为以下 6 类：末端执行器具有简单几何形状的测量法、轨迹比较法、三边法、极坐标测量法、三角法和坐标测量法，见表 7-3。选择测试方法时，除考虑能否满足性能规范的测试外，必须考虑到测试系统的维数、准确度、重复性、分辨率、测试空间大小、适应范围和采样速率等。

表 7-3　工业机器人测试方法

测试方法	说明
末端执行器具有简单几何形状的测量法	工业机器人的末端执行器是规则的立方体或者球体。测试系统的测试支架上安装有 6 个接触式或非接触式位移传感器。机器人从基准位置按基座坐标系的 *X*、*Y* 或 *Z* 方向进行运动，逼近或者接触位移传感器。由位移传感器检测到的数值进行计算，便可得到末端指执行器的测试位姿
轨迹比较法	采用标准的机械梁或激光束作为参考标准，在机器人的末端执行器上装有传感器，当机器人的末端执行器沿机械梁或激光束运行时，即可得到两者间之间的距离偏差值，从而计算出位姿或者轨迹的准确度和重复性
三边法（距离-距离）	用激光跟踪仪瞄准机器人末端执行器上的靶球，当机器人运动时，激光跟踪仪跟踪测量，即可得到距离数据，从而计算出位姿或者轨迹准确度和重复性
极坐标测量法（距离-方位角）	机器人的腕部安装有反射器作为目标，用具有跟踪系统的激光干涉仪瞄准机器人的目标镜，从而得到距离数值和两个轴的方位角数值，由此计算出机器人的位置和姿态
三角法（方位角-方位角）	在机器人腕部安装反射器，两套两轴光学扫描器对其进行扫描，即可得到两组方位角的数据，从而可得到机器人的位置
坐标测量法	机器人的腕部安装有光笔，当机器人的端部在一套图形输入板的板面上运行时，就能观察到机器人运行的 *X-Y*、*Y-Z*、*Z-X* 的坐标值。

2. 用激光跟踪仪测量机器人重复定位精度

激光跟踪测量系统（Laser Tracker System）是工业测量系统中一种高精度的大尺寸测量仪器。它集合了激光干涉测距技术、光电探测技术、精密机械技术、计算机及控制技术、现代数值计算理论等各种先进技术，对空间运动目标进行跟踪并实时测量目标的空间三维坐标。它具有高精度、高效率、实时跟踪测量、安装快捷、操作简便等特点，适合于大尺寸工件配装测量。

激光跟踪仪测量系统基本都是由激光跟踪头（跟踪仪）、控制器、用户计算机、反射器（靶镜）及测量附件等组成，用于机器人重复定位精度测量的完整系统组成如图 7-10 所示。

使用激光跟踪测量机器人重复定位精度系统的工作基本原理是在目标点（机器人末端）上安置一个反射器，跟踪头发出的激光射到反射器上，又返回到跟踪头，当目标移动时，跟踪头调整光束方向来对准目标；同时，返回光束为检测系统所接收，用来测算目标的空间位置。简单地说，激光跟踪仪测量系统的所要解决的问题是静态或动态地跟踪一个在空间中运动的点，同时确定目标点的空间坐标。

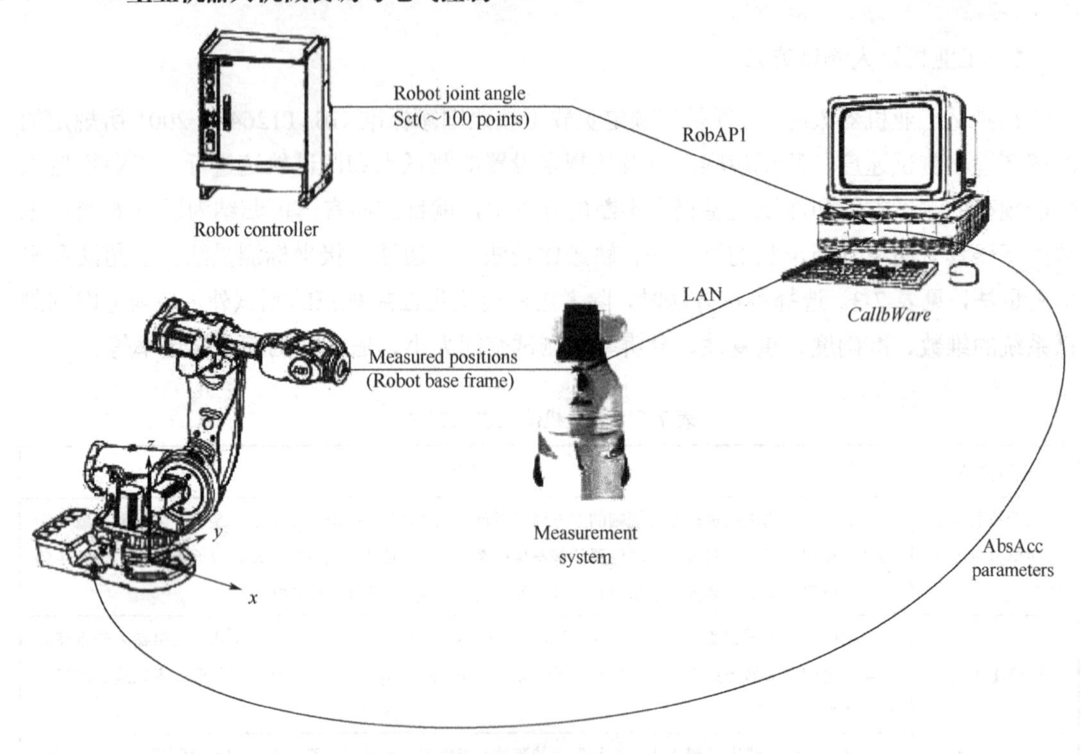

图 7-10　用激光跟踪仪测量机器人重复定位精度的测量系统

激光跟踪测量机器人重复定位精度系统的工作基本原理如图 7-11 所示，设 P（x，y，z）为被测空间点，假设点 P 到点 O 的距离为 L，OP 与 z 轴夹角及与 x 轴夹角已知，则有如下关系：

$$x = L\sin\beta\cos\alpha$$

$$y = L\sin\beta\sin\alpha$$

$$z = L\cos\beta$$

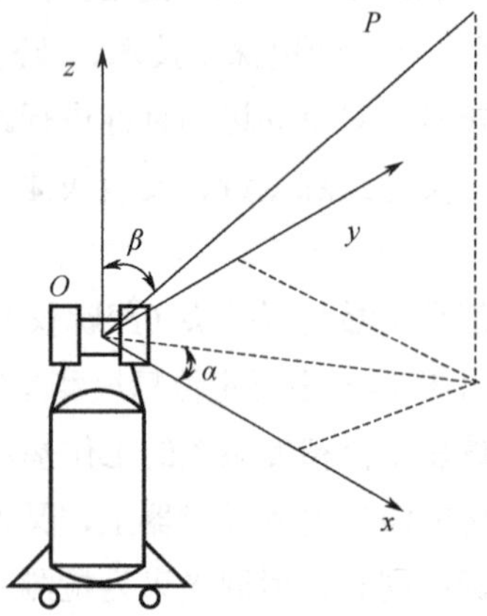

图 7-11　激光跟踪仪测量机器人重复定位精度系统的工作基本原理图

其中，角度值由安装在跟踪头上的两个编码器给出，距离值由跟踪头中的激光跟踪仪（见图 7-12）给出。

图 7-12　激光跟踪仪测量机器人重复定位精度系统实物图

利用激光跟踪仪在进行机器人重复定位精度检测过程中，对操作人员有很高的要求，且操作烦琐，成本极高，一般整套系统价格在 100 万元左右。如只用在工业机器人重复定位精度检测上，会形成严重资源浪费，并且在工业机器人的成品出厂检测过程中，不可能每个工位配一台激光跟踪仪对机器人进行检测。所以在针对一般用户特别是学校实训场景时，更需要一种成本低、操作方便的机器人重复定位精度测试检测装置。下面介绍使用百分表测量机器人重复定位精度的方法。

3．用百分表测量机器人重复定位精度

百分表是利用精密齿条齿轮机构制成的表式通用长度测量工具。通常由测量头、测量杆、防震弹簧、齿条、齿轮、游丝、圆表盘及指针等组成，如图 7-13 所示。

作为一种精度较高的量具，百分表既能测出相对数值，也能测出绝对数值，主要用于测量形状和位置误差，也可用于机床上安装工件时的精密找正或者用于机器人重复定位精度的测量等。百分表的读数准确度为 0.01mm，其结构原理如图 7-14 所示。当测量杆 1 向上或向下移动 1mm 时，通过齿轮传动系统带动大指针 5 转一圈，小指针 7 转一格。刻度盘在圆周上有 100 个等分格，每格的读数值为 0.01mm。小指针每格读数为 1mm。测量时指针读数的变动量即为尺寸变化量。刻度盘可以转动，以便测量时大指针对准零刻线。

4．测量装置

针对现有机器人重复定位检测装置存在的高成本、操作难度大、操作烦琐等难题，提出一种低成本、操作简便的全新机器人重复定位检测装置（见图 7-15）。该检测装置采用传统的高精度器件与检测手段通过巧妙方法将其整合起来，形成低成本、操作简便的方案，

使其具有更强的应用范围，方便灵活。

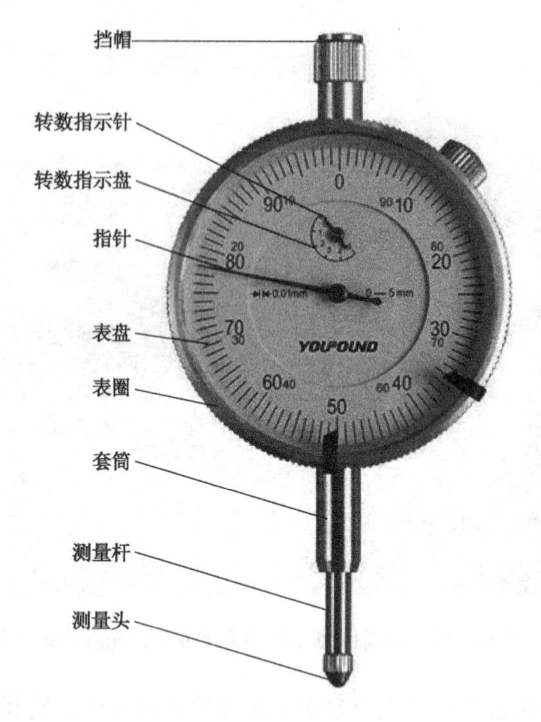

图 7-13　百分表

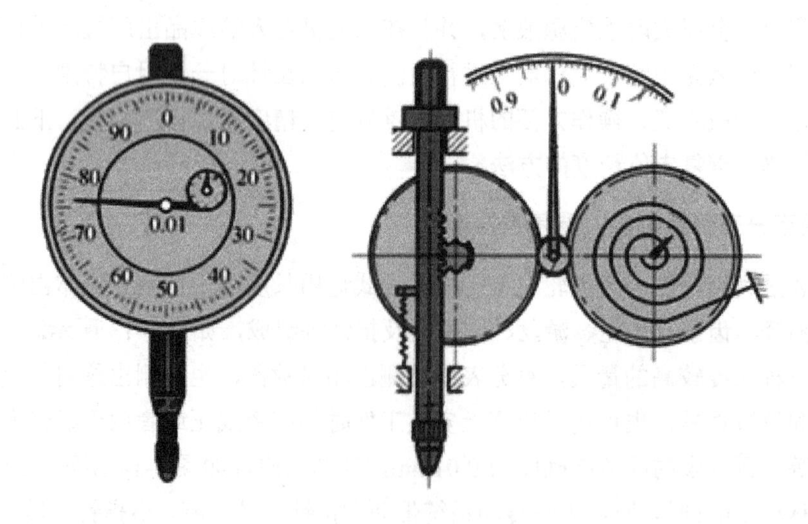

图 7-14　百分表结构原理图

本方案提供一种机器人重复定位精度检测装置（见图 7-15），包括支架组件、滑动组件、基座组件、电子式百分表组件、球头组件。支架组件上设有一个滑动组件，滑动组件上安装基座组件，基座组件上固定有三个电子式百分表，其轴线在空间上相互垂直且交于一点，将该点设为测试中心点。

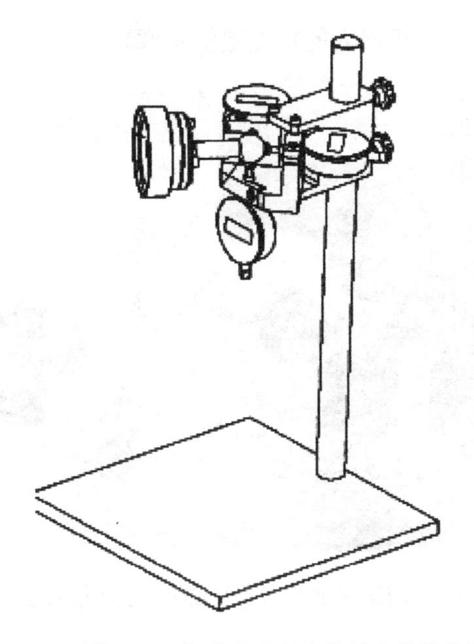

图 7-15　机器人重复定位精度检测装置

测量步骤：

（1）选取机器人工作范围内的典型工况（见图 7-16）下使用的一段长度 200～300mm。

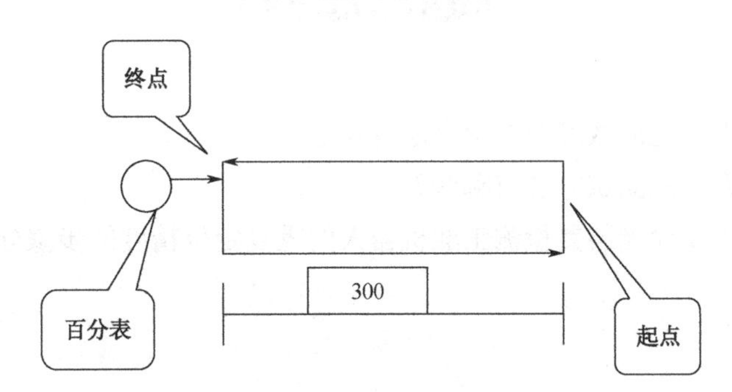

图 7-16　机器人重复定位精度测试典型工况

（2）对机器人编写一段小程序。

① 以世界坐标系设定机器人运动的起点

② 机器人以工作速度往前走 200mm 或 300mm。

③ 停住 3s。（便于观察百分表）

④ 返回起点。

⑤ 重复上述步骤共 7 次。

（3）手动运行机器人测试小程序，确认程序无误。

（4）在机器人停止的位置安装好百分表，并将百分表置零，如图 7-17 所示。

（5）回到程序起点。

（6）自动运行小程序，在暂停时观察百分表的读数并做好记录。

（7）7 次读数的最大差值即为机器人的重复定位精度。

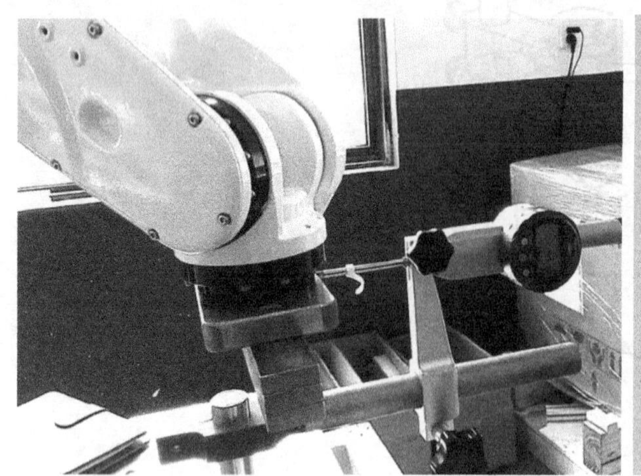
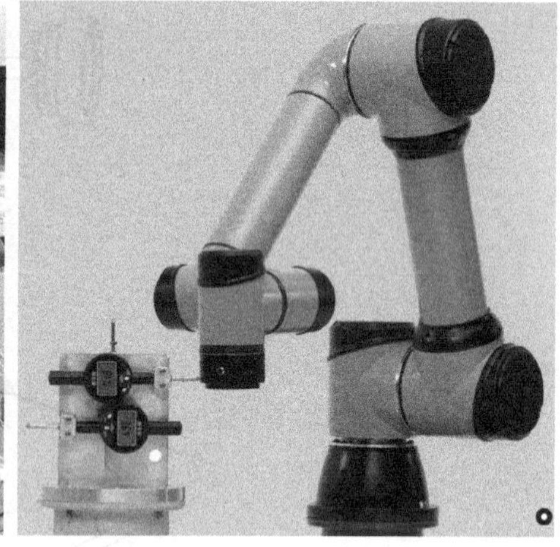

图 7-17　用百分表测量机器人重复定位精度系统实物图

问题与思考七

1．工业机器人常见的故障及排除办法有哪些？

2．工业机器人性能测试方法有哪些？

3．使用百分比表检测装置检测工业机器人的重复定位精度的步骤分为哪几步？

附录 A

螺钉拧紧力矩表

12.9 级	铸铁件紧固力矩（N·m）	铸铝件紧固力矩（N·m）
M3	2±0.18	1.57±0.18
M4	4.5±0.33	3.63±0.33
M5	9.01±0.49	7.35±0.49
M6	15.6±0.78	12.4±0.78
M8	37.2±1.86	30.4±1.86
M10	73.5±3.43	59.8±3.43
M12	128.4±6.37	104±6.37

注：由于电机法兰材质特殊，紧固力矩不能过大，请参照表格中铸铝件紧固力矩注加。

附录 B

机器人装配作业指导书

HUIBO	机器人装配作业指导书		所属部位	适用产品型号	版本号	文件编号	第 页
	工序名称	一、二轴动力组件	底座部分	HB-03	第1版		共 页

作业顺序及步骤	注意事项
1. 准备电机安装板及电机，4个内六角螺钉 M5×10 穿过电机锁定到电机安装板上	1. 检查工具、电机外观是否异常，并及时反馈和处理
2. 取 25-80-1 型谐波减速器安装至电机安装板上，并用键连接波发生器与电机主轴。先安装钢轮，后安装波发生器	2. 安装谐波减速器时使用橡胶锤，电机底部使用加垫软性材料
3. 将压盖安装到波发生器内圈，取 4 个内六角螺钉 M5×10 锁紧至波发生器上，取1个内六角螺钉 M5×16 和弹簧垫圈 5 锁紧至电机轴端	3. 锁紧过程中注意谐波表面的清洁，不要造成表面损伤
4. 涂抹谐波专用润滑脂至波发生器滚珠上，涂抹均匀	4. 采用配套润滑脂，并注重实际用量
5. 螺钉预紧按《螺钉预紧规则》执行	

本工序零部件明细

序号	零件图号	零件名称	数量	备注
1		伺服电机 400W	1	
2		谐波减速器	1	
3	ETA.01.01-01	一、二轴电机安装板	1	
4	ETA.01.01-02	一、二轴减速器压盖	1	
5	GB/T70.1—2000	内六角螺钉 M5×10	8	
6	GB/T70.1—2000	内六角螺钉 M5×16	1	
7	GB/T93.1—1987	弹簧垫圈 5	1	
8				
9				
10				
11				
12				
13				

零件图片

工具工装图片

更改原因	更改日期	确认	编制	审核	会签	批准

电子存档位置： 确认：

HUIBO	机器人装配作业指导书		所属部位	适用产品型号	版本号	文件编号	第　页
	工序名称	一轴底座装配	底座部分	HB-03	第 1 版		共　页

1　2　3　4　5,6　7　7

作业顺序及步骤	注意事项
1．将底座转接件卡入底座主体，取 12 套内六角螺钉 M6×20 及弹簧垫圈 6 拧入底座底部，锁紧各螺钉	1．检查工具、料件是否异常，并及时反馈和处理
2．将底座封盖放置底部腔体，取 4 个内六螺钉角 M4×10 拧入底座底部	2．检查配合处装配是否到位
3．取底座走线支架如图示放置至腔体内，取 2 个内六角螺钉 M4×10 拧入腔体内	3．减少零件表面划伤
4．螺钉预紧按《螺钉预紧规则》执行	

本工序零部件明细

序号	零件图号	零件名称	数量	备注
1	ETA.01-01	机器人一轴底座主体	1	
2	ETA.01-02	机器人一轴底座转接件	1	
3	ETA.01-05	机器人底座封盖	1	
4	ETA.01-06	底座走线支架	1	
5	GB/T70.1—2000	内六角螺钉 M6×20	12	
6	GB/T93.1—1987	弹簧垫圈 M6	12	
7	GB/T70.1—2000	M4×10	6	
8				
9				
10				
11				
12				
13				

零件图片	工具工装图片
底座主体　底座转接件　底座走线支架　底座封盖	内六角扳手　电动工具　橡胶锤

更改原因	更改日期	确认	编制	审核	会签	批准

电子存档位置：　　确认：

HUIBO	机器人装配作业指导书		所属部位	适用产品型号	版本号	文件编号	第 页
	工序名称	底座动力装配	底座部分	HB-03	第 1 版		共 页

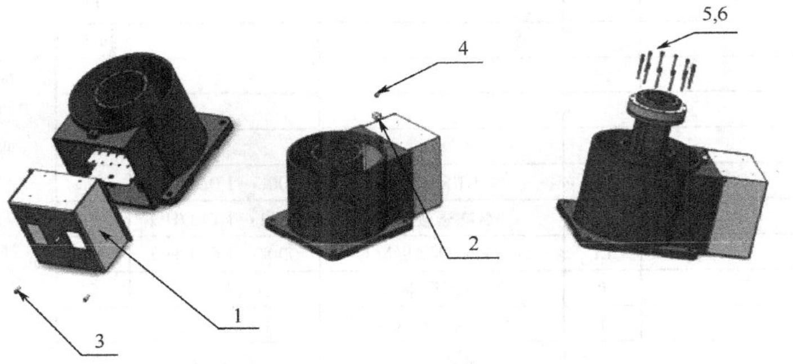

作业顺序及步骤	注意事项
1．将航插盒如图所示放置底座底部，取 4 个内六角螺钉 M4×10 锁紧航插盒	1．检查工具、料件是否异常，并及时反馈和处理
2．将尼龙限位块 T 型底部朝外放置于端面上，取 1 个内六角螺钉 M6×16 锁紧	2．检查尼龙块正反安装，并确认安装状态
3．将之前装配完成的动力组件放置于底座腔体内，取 12 套内六角螺钉 M4×40 及弹簧垫圈 4 锁附至底座上，对角锁定	3．禁止磕碰电机，注意防护电机与线体连接处
4．螺钉预紧按《螺钉预紧规则》执行	

本工序零部件明细

序号	零件图号	零件名称	数量	备注
1	ETA.01-04	航插盒主体	1	
2	ETA.01-03	一轴限位尼龙块	1	
3	GB/T70.1—2000	内六角螺钉 M4×10	4	
4	ETA.01-06	内六角螺钉 M6×16	1	
5	GB/T93.1—1987	弹簧垫圈 4	12	
6	GB/T70.1—2000	M4×40	12	
7				
8				
9				
10				
11				
12				
13				

零件图片

限位尼龙块

航插盒主体

工具工装图片

内六角扳手　电动工具　橡胶锤

更改原因	更改日期	确认	编制	审核	会签	批准

电子存档位置：　　　　确认：

HUIBO

机器人装配作业指导书

工序名称	二轴转座安装	所属部位	转座部分	适用产品型号	HB-03	版本号	第 1 版	文件编号		第 页	共 页

4,5　2　6　3　1

作业顺序及步骤	注意事项
1. 将转座主体安装到底座谐波端面上，取 12 套螺钉 M4×25 及弹簧垫圈 4 锁紧转座与谐波减速器	1. 检查工具、料件是否异常，安装时注意配合处，防止磕碰
2. 将防尘端盖放置于转座图示处，取 4 个内六角螺钉 M4×10 锁紧至转座上	2. 检查零件表面，避免划痕
3. 螺钉预紧按《螺钉预紧规则》执行	

本工序零部件明细

序号	零件图号	零件名称	数量	备注
1	ETA.01	一轴底座	1	
2	ETA.02-01	腰关节转座主体	1	
3	ETA.02-07	转座防尘压盖	4	
4	GB/T70.1—2000	内六角螺钉 M4×25	12	
5	GB/T93.1—1987	弹簧垫圈 4	12	
6	GB/T70.1—2000	M4×10	4	
7				
8				
9				
10				
11				
12				
13				

零件图片：一轴底座　转座主体　转座防尘压盖

工具工装图片：内六角扳手　电动工具　橡胶锤

更改原因	更改日期	确认	编制	审核	会签	批准

电子存档位置：　　确认：

HUIBO	机器人装配作业指导书		所属部位	适用产品型号	版本号	文件编号	第　页
	工序名称	三轴动力组件	大臂部分	HB-03	第1版		共　页

1 2 3 4 5

作业顺序及步骤	注意事项
1．取伺服电机200W带刹车规格，平键嵌入电机轴端，将同步带安装至电机轴端上，保证平整	1．检查工具、料件是否异常，并及时反馈和处理
2．将电机安装板安装至电机法兰处，注意配合方式，取4个内六角螺钉M5×12锁紧电机与安装板	2．安装板凸台与电机电源线端朝向一致，注意安装方式
3．螺钉预紧按《螺钉预紧规则》执行	

本工序零部件明细

序号	零件图号	零件名称	数量	备注
1		伺服电机200W（带刹车）	1	
2	ETA.03-05	三轴电机安装板	1	
3	ETA.03-07	三轴主动同步带轮	1	
4	GB/T70.1—2000	内六角螺钉 M5×12	4	
5	GB/T1092—2003	平键 5×14	1	
6		伺服电机200W（带刹车）	1	
7				
8				
9				
10				
11				
12				
13				

零件图片

200W电机　电机安装板　同步带轮

工具工装图片

内六角扳手　电动工具　橡胶锤

更改原因	更改日期	确认	编制	审核	会签	批准

电子存档位置：　　　　确认：

HUIBO

机器人装配作业指导书

工序名称	大臂装配	所属部位	大臂部分	适用产品型号	HB-03	版本号	第1版	文件编号		第 页	共 页

5,6
2
3
1
4
7,8

作业顺序及步骤	注意事项
1．将三轴同步从动带轮安装至三轴谐波轴上，拧紧内部顶丝	1．检查工具、料件是否异常，安装时注意配合处，防止磕碰
2．将上步所装组件安置于图示位置，取12套内六角螺钉M3×30及弹簧垫圈3锁紧谐波组件至大臂主体上	2．注意配合处配合方式，切勿让谐波偏置
3．将一、二轴动力组件放置于下部腔体处，取12个内六角螺钉M4×40及弹簧垫圈4锁紧动力组件至大臂主体上	3．电源线方向朝下，切勿拖拽电机线缆，防止磕碰电机
4．螺钉预紧按《螺钉预紧规则》执行	

本工序零部件明细

序号	零件图号	零件名称	数量	备注
1	ETA.03-01	大臂主体	1	
2		三轴谐波减速器	1	
3	ETA.03-08	三轴从动同步带轮	1	
4		一二轴动力组件	1	
5	GB/T70.1—2000	内六角螺钉 M3×30	12	
6	GB/T93.1—1987	弹簧垫圈 3	12	
7	GB/T70.1—2000	内六角螺钉 M4×40	12	
8	GB/T93.1—1987	弹簧垫圈 4	12	
9				
10				
11				
12				
13				

零件图片

大臂主体　三轴谐波减速器　同步带轮

工具工装图片

内六角扳手　电动工具　橡胶锤

更改原因	更改日期	确认	编制	审核	会签	批准

电子存档位置：　　确认：

HUIBO	机器人装配作业指导书		所属部位	适用产品型号	版本号	文件编号	第　页
	工序名称	大臂动力装配	大臂部分	HB-03	第 1 版		共　页

4,5　1　2　3　4　6

作业顺序及步骤	注意事项
1. 将三轴动力组件如图所示放置腔体内，取 4 套内六角螺钉 M4×16 及平垫 4 将电机组件连接至底座上，不要锁紧	1. 检查工具、料件是否异常，安装时注意配合处，防止电机磕碰
2. 将张紧板安放置图示位置，取 2 个内六角螺钉 M4×16 锁紧至大臂处	
3. 取 1 个内六角螺钉 M5×25 穿过张紧板孔锁附到电机安装板上，逐渐调整皮带张紧度	3. 同步带张紧需符合规范，不得过度松脱
4. 皮带张紧完成后，锁紧电机安装板上 4 套螺钉	
5. 螺钉预紧按《螺钉预紧规则》执行	

本工序零部件明细

序号	零件图号	零件名称	数量	备注
1		三轴动力组件	1	
2	ETA.03-06	三轴带轮张紧板	1	
3	GB/T70.1—2000	内六角螺钉 M4×16	6	
4	GB/T95—2002	平垫 4	2	
5	GB/T70.1—2000	内六角螺钉 M5×25	1	
6				
7				
8				
9				
10				
11				
12				
13				

零件图片	工具工装图片
三轴动力组件　带轮张紧板　同步带轮	内六角扳手　电动工具　橡胶锤

更改原因	更改日期	确认	编制	审核	会签	批准

电子存档位置：　　　　确认：

HUIBO	机器人装配作业指导书		所属部位	适用产品型号	版本号	文件编号	第　页
	工序名称	大臂组件装配	大臂部分	HB-03	第1版		共　页

作业顺序及步骤	注意事项
1. 将大臂整体抬起，安装至转座连接位置，如图所示，注意谐波输出轮配合处	1. 检查工具、料件是否异常，安装时注意配合处，防止电机磕碰
2. 取12个内六角螺钉 M4×25 将大臂部分与转座部分锁紧	
3. 螺钉预紧按《螺钉预紧规则》执行	

本工序零部件明细	序号	零件图号	零件名称	数量	备注
	1		大臂组件	1	
	2		腰关节及底座组件	1	
	3	GB/T70.1—2000	内六角螺钉 M4×25	12	
	4				
	5				
	6				
	7				
	8				
	9				
	10				
	11				
	12				
	13				

零件图片	工具工装图片
腰关节及底座组件　大臂组件	内六角扳手　电动工具　橡胶锤

更改原因	更改日期	确认	编制	审核	会签	批准

电子存档位置：　　　　确认：

HUIBO	机器人装配作业指导书		所属部位	适用产品型号	版本号	文件编号	第　页
	工序名称	四轴主体装配	四轴部分	HB-03	第1版		共　页

作业顺序及步骤	注意事项
1．将四轴从动带轮套入谐波减速器轴套上，取3个内六角螺钉 M3×6 把同步带轮锁紧至轴套上	1．检查工具、料件是否异常，并及时反馈和处理
2．将谐波减速器部件缓慢放入四轴主体内，取12套内六角螺钉 M3×30 及弹簧垫圈3锁紧谐波至主体上	2．注意谐波减速器外圈配合处，安装时不能偏置
3．螺钉预紧按《螺钉预紧规则》执行	

本工序零部件明细

序号	零件图号	零件名称	数量	备注
1		四轴谐波减速器	1	
2	ETA.04-04	四轴同步带轮	1	
3	ETA.04-01	四轴主体	1	
4	GB/T70.1—2000	内六角螺钉 M3×6	3	
5	GB/T70.1—2000	内六角螺钉 M3×40	12	
6	GB/T93.1—1987	弹簧垫圈 3	12	
7				
8				
9				
10				
11				
12				
13				

零件图片

工具工装图片

更改原因	更改日期	确认	编制	审核	会签	批准

电子存档位置：　　　　确认：

HUIBO	机器人装配作业指导书		所属部位	适用产品型号	版本号	文件编号	第　页
	工序名称	四轴动力组件装配	四轴部分	HB-03	第1版		共　页

作业顺序及步骤	注意事项
1．将四轴电机安装板按图示方向安装至电机法兰盘上，取2套内六角螺钉 M4×12 及弹簧垫圈 4 锁紧电机至安装板上	1．检查工具、料件是否异常，并及时反馈和处理，注意防止电机磕碰
2．将四轴主同步带轮安装至电机主轴上，拧紧内部2颗紧定螺丝	2．注意同步带轮的紧定步骤
3．螺钉预紧按《螺钉预紧规则》执行	

本工序零部件明细

序号	零件图号	零件名称	数量	备注
1	ETA.04-05	四轴主动带轮	1	
2	ETA.04-03	四轴电机连接板	1	
3		100W 电机（带刹车）	1	
4	GB/T70.1—2000	内六角螺钉 M4×12	2	
5	GB/T93.1—1987	弹簧垫圈 4	2	
6				
7				
8				
9				
10				
11				
12				
13				

零件图片	工具工装图片
电机安装板　100W电机（带刹车）　同步带轮	内六角扳手　电动工具　橡胶锤

更改原因	更改日期	确认	编制	审核	会签	批准

电子存档位置：　　　　确认：

HUIBO	机器人装配作业指导书		所属部位	适用产品型号	版本号	文件编号	第 页
	工序名称	四轴结构件装配	四轴部分	HB-03	第1版		共 页

3,4

2

1

作业顺序及步骤	注意事项
1．将四轴组件整体安装至三轴谐波柔轮上，安装到位，防止偏置	1．检查工具、料件是否异常，并及时反馈和处理
2．取12套内六角螺钉M3×25及弹簧垫圈3将四轴组件锁附到大臂部件上	2．注意谐波发生器外圈配合处，安装时不能偏置
3．螺钉预紧按《螺钉预紧规则》执行	

本工序零部件明细

序号	零件图号	零件名称	数量	备注
1		一二三轴结构本体	1	
2		四轴部件	1	
3	GB/T70.1—2000	内六角螺钉 M3×25	12	
4	GB/T93.1—1987	弹簧垫圈 3	12	
5				
6				
7				
8				
9				
10				
11				
12				
13				

零件图片

四轴部件　　一二三结构本体

工具工装图片

内六角扳手　　电动工具　　橡胶锤

更改原因	更改日期	确认	编制	审核	会签	批准

电子存档位置：　　　　确认：

HUIBO	机器人装配作业指导书		所属部位	适用产品型号	版本号	文件编号	第　页
	工序名称	四轴电机组件安装	四轴部分	HB-03	第1版		共　页

6　1　2　4.5　3

作业顺序及步骤	注意事项
1．将四轴动力总成按图示方向套入四轴同步带，并套入从动带轮	1．检查工具、料件是否异常，并及时反馈和处理
2．取3套内六角螺钉 M4×12 及弹簧垫圈4将动力组件锁附到四轴结构件台阶上，不必锁紧	2．注意皮带与带轮安装的一致性，防止偏置
3．取2个内六角螺钉 M3×6 锁定到电机安装板上，同时调整并绷紧同步带	3．螺钉要同时调整，防止整体偏置
4．螺钉预紧按《螺钉预紧规则》执行	

本工序零部件明细

序号	零件图号	零件名称	数量	备注
1		四轴动力组件	1	
2		四轴同步带	1	
3		四轴装配组件	1	
4	GB/T70.1—2000	内六角螺钉 M4×12	12	
5	GB/T93.1—1987	弹簧垫圈 4	12	
6	GB/T70.1—2000	内六角螺钉 M3×6	2	
7				
8				
9				
10				
11				
12				
13				

零件图片		工具工装图片		
四轴部件	四轴动力组件	内六角扳手	电动工具	橡胶锤

更改原因	更改日期	确认	编制	审核	会签	批准

电子存档位置：　　　　确认：

HUIBO	机器人装配作业指导书		所属部位	适用产品型号	版本号	文件编号	第 页
	工序名称	四轴电机组件安装	四轴部分	HB-03	第1版		共 页

作业顺序及步骤	注意事项
1．将四轴动力总成按图示方向套入四轴同步带，并套入从动带轮	1．检查工具、料件是否异常，并及时反馈和处理
2．取3套内六角螺钉M4×12及弹簧垫圈4将动力组件锁附到四轴结构件台阶上，不必锁紧	2．注意皮带与带轮安装的一致性，防止偏置
3．取2个内六角螺钉M3×6锁定到电机安装板上，同时调整并绷紧同步带	3．螺钉要同时调整，防止整体偏置
4．螺钉预紧按《螺钉预紧规则》执行	

本工序零部件明细

序号	零件图号	零件名称	数量	备注
1		四轴动力组件	1	
2		四轴同步带	1	
3		四轴装配组件	1	
4	GB/T70.1—2000	内六角螺钉 M4×12	12	
5	GB/T93.1—1987	弹簧垫圈 4	12	
6	GB/T70.1—2000	内六角螺钉 M3×6	2	
7				
8				
9				
10				
11				
12				
13				

零件图片

工具工装图片

更改原因	更改日期	确认	编制	审核	会签	批准

电子存档位置： 确认：

HUIBO

机器人装配作业指导书

工序名称	五轴结构件装配	所属部位	适用产品型号	版本号	文件编号	第 页
		小臂部分	HB-03	第1版		共 页

4,5　2　6　3　1

作业顺序及步骤	注意事项
1．将五轴主结构安装至四轴谐波柔轮上，取12套内六角螺钉M3×25及弹簧垫圈3锁附至谐波减速器上	1．检查工具、料件是否异常，并及时反馈和处理，注意配合尺寸
2．将五轴过线架锁定到图示位置锁紧至五轴结构件内部，取2个内六角螺钉M3×6锁紧	2．线架安装尽量处于中心位置
3．螺钉预紧按《螺钉预紧规则》执行	

本工序零部件明细

序号	零件图号	零件名称	数量	备注
1		一二三四轴装配	1	
2	ETA.05-01	五轴结构件	1	
3	ETA.05-13	五轴过线架	1	
4	GB/T70.1—2000	内六角螺钉M3×25	12	
5	GB/T93.1—1987	弹簧垫圈3	12	
6	GB/T70.1—2000	内六角螺钉M3×6	2	
7				
8				
9				
10				
11				
12				
13				

零件图片

一、二、三、四轴装配件　五轴结构件　五轴过线架

工具工装图片

内六角扳手　电动工具　橡胶锤

更改原因	更改日期	确认	编制	审核	会签	批准

电子存档位置：　　　　确认：

HUIBO	机器人装配作业指导书		所属部位	适用产品型号	版本号	文件编号	第 页
	工序名称	五轴动力组件	小臂部分	HB-03	第1版		共 页

作业顺序及步骤

1. 将五轴电机安装板安装至电机法兰上，取2套内六角螺钉 M4×10 及弹簧垫圈将电机锁紧
2. 将五轴主同步带轮套入电机主轴，锁定内部2颗紧定螺丝，如图所示
3. 取2个内六角螺钉 M3×10 锁紧张紧块至电机安装板上
4. 螺钉预紧按《螺钉预紧规则》执行

注意事项

1. 检查工具、料件是否异常，并及时反馈和处理，注意配合尺寸
2. 防止磕碰电机

本工序零部件明细

序号	零件图号	零件名称	数量	备注
1	ETA.05-09	五轴主同步带轮	1	
2	ETA.05-07	五轴电机安装板	1	
3		100W 电机	1	
4	ETA.05-12	张紧连接板	1	
5	GB/T70.1—2000	内六角螺钉 M3×10	2	
6	GB/T70.1—2000	内六角螺钉 M4×10	2	
7	GB/T93.1—1987	弹簧垫圈 4	2	
8				
9				
10				
11				
12				
13				

零件图片

工具工装图片

更改原因	更改日期	确认	编制	审核	会签	批准

电子存档位置：　　　　确认：

HUIBO	机器人装配作业指导书		所属部位	适用产品型号	版本号	文件编号	第 页
	工序名称	五轴左侧板组件	小臂部分	HB-03	第1版		共 页

作业顺序及步骤	注意事项
1. 将五轴动力组件安装到左侧板上，取 4 套内六角螺钉 M4×14 及弹簧垫圈 4 锁紧到左侧板上	1. 检查工具、料件是否异常，并及时反馈和处理，注意配合尺寸
2. 取 2 个内六角螺钉 M3×12 锁紧张紧块至左侧板上，并取 1 个内六角螺钉 M4×25 连接到电机安装板上，不用锁紧	2. 防止磕碰电机
3. 将支撑板固定至图示位置，取 4 个内六角螺钉 M3×10 锁定支撑板至左侧板上	
4. 将五轴从同步带轮锁定至五轴谐波输出轴上，将谐波组件安装至图示左侧板位置，取 8 个内六角螺钉 M3×25 锁定谐波减速器至左侧板上	4. 注意谐波外圈与侧板的尺寸配合
5. 螺钉预紧按《螺钉预紧规则》执行	

本工序零部件明细

序号	零件图号	零件名称	数量	备注
1	ETA.05-03	五轴左侧板	1	
2		五轴动力组件	1	
3	ETA.05-11	支撑板	1	
4		五轴谐波减速器	1	
5	ETA.05-10	五轴从动带轮	1	
6	ETA.05-08	五轴张紧块	1	
7	GB/T70.1—2000	内六角螺钉 M4×25	1	
8	GB/T70.1—2000	内六角螺钉 M3×12	2	
9	GB/T70.1—2000	内六角螺钉 M3×25	8	
10	GB/T70.1—2000	内六角螺钉 M3×10	4	
11	GB/T70.1—2000	内六角螺钉 M4×16	4	
12	GB/T93.1—1987	弹簧垫圈 4	4	
13				

零件图片

工具工装图片

更改原因	更改日期	确认	编制	审核	会签	批准

电子存档位置： 确认：

HUIBO	机器人装配作业指导书		所属部位	适用产品型号	版本号	文件编号	第 页
	工序名称	六轴结构件装配	六轴部分	HB-03	第1版		共 页

作业顺序及步骤

1. 将六轴结构件安装至五轴谐波输出端，注意配合处安装
2. 取8个内六角螺钉N3×20将六轴结构件锁定至五轴输出轮
3. 螺钉预紧按《螺钉预紧规则》执行

注意事项

1. 检查工具、料件是否异常，并及时反馈和处理，注意配合尺寸

本工序零部件明细

序号	零件图号	零件名称	数量	备注
1		小臂组件	1	
2	ETA.06-01	六轴结构件	1	
3	GB/T70.1—2000	内六角螺钉 M3×20	8	
4				
5				
6				
7				
8				
9				
10				
11				
12				
13				

零件图片

六轴结构件 小臂组件

工具工装图片

内六角扳手 电动工具 橡胶锤

更改原因	更改日期	确认	编制	审核	会签	批准

电子存档位置： 确认：

HUIBO	机器人装配作业指导书		所属部位	适用产品型号	版本号	文件编号	第　页
	工序名称	六轴动力装配	六轴部分	HB-03	第 1 版		共　页

标注：1　2　3　4,5　6

作业顺序及步骤	注意事项
1．将六轴电机安装板如图示安装至电机法兰上，取 2 套内六角螺钉 M4×12 及弹簧垫圈 4 将电机锁紧	1．检查工具、料件是否异常，并及时反馈和处理，注意配合尺寸
2．将套筒装入电机轴端，使用键连接，注意不要磕碰电机，锁定套筒内 2 个顶丝	2．防止磕碰电机
3．螺钉预紧按《螺钉预紧规则》执行	

本工序零部件明细

序号	零件图号	零件名称	数量	备注
1		100W 电机（无刹车）	1	
2	ETA.06-06	六轴电机安装板	1	
3	ETA.06-03	六轴套筒	1	
4	GB/T70.1—2000	内六角螺钉 M4×12	2	
5	GB/T93.1—1987	弹簧垫圈 4	2	
6				
7				
8				
9				
10				
11				
12				
13				

零件图片

电机安装板　100W电机　六轴套筒

工具工装图片

内六角扳手　电动工具　橡胶锤

更改原因	更改日期	确认	编制	审核	会签	批准

电子存档位置：　　　　确认：

HUIBO	机器人装配作业指导书		所属部位	适用产品型号	版本号	文件编号	第　页
	工序名称	六轴动力组件装配	六轴部分	HB-03	第 1 版		共　页

作业顺序及步骤	注意事项
1. 将电机动力组件如图安装至六轴结构件内，取 4 个内六角螺钉 M4×12 将动力组件锁定至结构件上	1. 检查工具、料件是否异常，并及时反馈和处理，注意配合尺寸
2. 将六轴谐波波发生器安装至套筒前端，取端盖安装至波发生器上端，取 1 个十字沉头螺钉将压盖锁定到套筒上	2、配合处安装平整
3. 螺钉预紧按《螺钉预紧规则》执行	

1 2 3 4 5 6

本工序零部件明细

序号	零件图号	零件名称	数量	备注
1		六轴电机组件	1	
2	ETA.06-01	六轴结构件	1	
3		六轴波发生器	1	
4	ETA.06-04	六轴电机压盖	1	
5	GB/T819.2—1986	十字沉头螺钉 M2×6	1	
6	GB/T70.1—2000	内六角螺钉 M4×12	4	
7				
8				
9				
10				
11				
12				
13				

零件图片	工具工装图片
电机组件　六轴波发生器　电机压盖	内六角扳手　电动工具　橡胶锤

更改原因	更改日期	确认	编制	审核	会签	批准

电子存档位置：　　　　确认：

HUIBO	机器人装配作业指导书		所属部位	适用产品型号	版本号	文件编号	第　页
	工序名称	六轴谐波装配	六轴部分	HB-03	第1版		共　页

1　2　3　4,5　6

作业顺序及步骤	注意事项
1．将谐波刚轮安装至谐波波发生器上，取6套内六角螺钉M4×16及弹簧垫圈4锁紧谐波刚轮至结构件上	1．检查工具、料件是否异常，并及时反馈和处理，注意配合尺寸
2．取6个内六角螺钉将末端法兰锁紧至谐波连接法兰上	2．检查料件表面是否完整
3．螺钉预紧按《螺钉预紧规则》执行	

本工序零部件明细

序号	零件图号	零件名称	数量	备注
1		六轴波发生器	1	
2		六轴谐波刚轮	1	
3	ETA.06-05	末端法兰	1	
4	GB/T70.1—2000	内六角螺钉 M4×16	6	
5	GB/T93.1—1987	弹簧垫圈 4	6	
6	GB/T70.1—2000	内六角螺钉 M4×12	6	
7				
8				
9				
10				
11				
12				
13				

零件图片	工具工装图片
六轴谐波刚轮　六轴波发生器　末端法兰	内六角扳手　电动工具　橡胶锤

更改原因	更改日期	确认	编制	审核	会签	批准

电子存档位置：　　确认：

HUIBO	机器人装配作业指导书		所属部位	适用产品型号	版本号	文件编号	第 页
	工序名称	六轴外罩安装	六轴部分	HB-03	第1版		共 页

作业顺序及步骤	注意事项
1. 取4个内六角螺钉将六轴电机外罩锁定到图示位置	1. 检查工具、料件是否异常，并及时反馈和处理，注意配合尺寸
2. 螺钉预紧按《螺钉预紧规则》执行	2. 检查料件表面是否完整

本工序零部件明细	序号	零件图号	零件名称	数量	备注
	1		六轴组件	1	
	2	ETA.06-02	六轴电机外罩	1	
	3	GB/T70.1—2000	内六角螺钉 M3×6	4	
	4				
	5				
	6				
	7				
	8				
	9				
	10				
	11				
	12				
	13				

零件图片

工具工装图片

更改原因	更改日期	确认	编制	审核	会签	批准

电子存档位置：　　确认：

HUIBO

机器人装配作业指导书		所属部位	适用产品型号	版本号	文件编号	第 页
工序名称	五轴右侧板安装	小臂部分	HB-03	第 1 版		共 页

1
2
3
3

作业顺序及步骤	注意事项
1. 取 8 个内六角螺钉 M3×12 将右侧板锁紧至五轴结构件上，如图所示	1. 检查工具、料件是否异常，并及时反馈和处理，注意配合尺寸
2. 取 4 个内六角螺钉 M3×12 将右侧板锁紧到支撑板上，如图所示	2. 注意锁附平整，减少挤压外力
3. 螺钉预紧按《螺钉预紧规则》执行	

本工序零部件明细

序号	零件图号	零件名称	数量	备注
1		本体结构	1	
2	ETA.05-04	五轴右侧板	1	
3	GB/T70.1—2000	内六角螺钉 M3×12	12	
4				
5				
6				
7				
8				
9				
10				
11				
12				
13				

零件图片	工具工装图片
五轴右侧板	内六角扳手　电动工具　橡胶锤

更改原因	更改日期	确认	编制	审核	会签	批准

电子存档位置：　　　　确认：

HUIBO	机器人装配作业指导书		所属部位	适用产品型号	版本号	文件编号	第　页
	工序名称	五轴外罩安装	外罩部分	HB-03	第 1 版		共　页

作业顺序及步骤

1．取 4 个内六角螺钉 M3×10 将五轴左侧外罩锁定到如图位置上

2．取 4 个内六角螺钉 M3×10 将五轴右侧外罩锁定到如图位置上

3．螺钉预紧按《螺钉预紧规则》执行

注意事项

1．检查工具、料件是否异常，并及时反馈和处理，注意配合尺寸

2．检查料件表面是否完整

本工序零部件明细

序号	零件图号	零件名称	数量	备注
1	ETA.05-05	五轴外罩	2	
2	GB/T70.1—2000	内六角螺钉 M3×10	8	
3				
4				
5				
6				
7				
8				
9				
10				
11				
12				
13				

零件图片	工具工装图片
五轴外罩	内六角扳手　电动工具　橡胶锤

更改原因	更改日期	确认	编制	审核	会签	批准

电子存档位置：　　　　确认：

HUIBO	机器人装配作业指导书		所属部位	适用产品型号	版本号	文件编号	第 页
	工序名称	大臂右侧安装	外罩部分	HB-03	第 1 版		共 页

作业顺序及步骤	注意事项
1. 取 2 套内六角螺钉 M3×8 及平垫 3 将线缆固定架固定至图示位置	1. 检查工具、料件是否异常，并及时反馈和处理
2. 取 2 套内六角螺钉 M3×8 及平垫 3 将二轴过线保护套固定至图示位置	2. 检查料件表面是否完整
3. 取 3 个内六角螺钉 M6×60 锁定大臂右侧至大臂主体上	3. 贴合处注意和本体的配合
4. 螺钉预紧按《螺钉预紧规则》执行	

本工序零部件明细

序号	零件图号	零件名称	数量	备注
1	ETA.03-09	线缆固定架 01	1	
2	ETA.03-11	二轴过线保护套	1	
3	ETA.03-02	大臂主体右侧	1	
4	GB/T70.1—2000	内六角螺钉 M3×8	4	
5	GB/T94.1—2000	平垫 3	4	
6	GB/T70.1—2000	内六角螺钉 M6×60	3	
7				
8				
9				
10				
11				
12				
13				

零件图片

工具工装图片

更改原因	更改日期	确认	编制	审核	会签	批准

电子存档位置： 确认：

HUIBO	机器人装配作业指导书		所属部位	适用产品型号	版本号	文件编号	第 页
	工序名称	大臂外罩安装	外罩部分	HB-03	第1版		共 页

作业顺序及步骤	注意事项
1．取2个内六角螺钉 M3×8 将线缆固定架固定至图示位置	1．检查工具、料件是否异常，并及时反馈和处理
2．取4个内六角螺钉 M3×160 锁定大臂右外壳图示位置	2．检查料件表面是否完整
3．取4个内六角螺钉 M3×160 锁定大臂左外壳图示位置	
4．螺钉预紧按《螺钉预紧规则》执行	

本工序零部件明细

序号	零件图号	零件名称	数量	备注
1	ETA.03-10	线缆固定架 02	1	
2	ETA.03-04	大臂右外壳	1	
3	ETA.03-02	大臂左外壳	1	
4	GB/T70.1—2000	内六角螺钉 M3×8	4	
5	GB/T70.1—2000	内六角螺钉 M3×16	8	
6				
7				
8				
9				
10				
11				
12				
13				

零件图片

工具工装图片

更改原因	更改日期	确认	编制	审核	会签	批准

电子存档位置：　　　　确认：

HUIBO	机器人装配作业指导书		所属部位	适用产品型号	版本号	文件编号	第 页
	工序名称	腰关节外罩安装	外罩部分	HB-03	第1版		共 页

1 2 3 4

作业顺序及步骤	注意事项
1. 将二轴侧面密封盖放置至图示位置，取4个内六角螺钉M4×10将其锁紧至转座主体上	1. 检查工具、料件是否异常，并及时反馈和处理
2. 将腰关节主体封盖安装至图示位置中，取1个内六角螺钉M4×10锁紧至侧面封盖	2. 检查与侧面封盖位置的配合安装
3. 螺钉预紧按《螺钉预紧规则》执行	

本工序零部件明细

序号	零件图号	零件名称	数量	备注
1	ETA.02-06	二轴侧面密封盖	1	
2	ETA.02-05	腰关节转座主体封盖	1	
3	GB/T70.1—2000	内六角螺钉 M4×10	5	
4				
5				
6				
7				
8				
9				
10				
11				
12				
13				

零件图片	工具工装图片
二轴侧面密封盖　腰关节主体封盖	内六角扳手　电动工具　橡胶锤

更改原因	更改日期	确认	编制	审核	会签	批准

电子存档位置：　　　　确认：

HUIBO	机器人装配作业指导书		所属部位	适用产品型号	版本号	文件编号	第 页
	工序名称	四轴外罩安装	外罩部分	HB-03	第1版		共 页

作业顺序及步骤	注意事项
1. 将四轴外罩安装至四轴主结构件上，取4个内六角螺钉M3×6锁紧至主体上	1. 检查工具、料件是否异常，并及时反馈和处理
2. 机体表面擦拭干净，减少油污的污染	
3. 螺钉预紧按《螺钉预紧规则》执行	

1
2

本工序零部件明细	序号	零件图号	零件名称	数量	备注
	1	ETA.04-02	四轴外罩	1	
	2	GB/T70.1—2000	内六角螺钉 M3×6	6	
	3				
	4				
	5				
	6				
	7				
	8				
	9				
	10				
	11				
	12				
	13				

零件图片

四轴外罩

工具工装图片

内六角扳手 电动工具 橡胶锤

更改原因	更改日期	确认	编制	审核	会签	批准

电子存档位置： 确认：

附录 C

工业机器人机械本体的拆装与检测演示动画

1. 一二轴电机减速机模块拆装演示

2. 一轴拆装演示

3. 小臂部分拆装演示

4. 大臂部分拆装演示

5. 三四轴连接部分拆装演示

6. 六轴拆装演示

7. 腰关节拆装演示

8. 整机拆装演示

参 考 文 献

[1] 许福玲．液压与气压传动[M]．武汉：华中科技大学出版社，2001.

[2] 徐锦康．机械设计手册[M]．北京：高等教育出版社，2004.

[3] 邱庆．工业机器人拆装与调试[M]．武汉：华中科技大学出版社，2016.

[4] JB/T 5994—1992，装配通用技术要求（S）.

[5] GB/T 30819—2014，机器人用谐波齿轮减速器（S）.

[6] 徐兵．机械装配技术[M]．北京：中国轻工业出版社，2005.

[7] 龚仲华．工业机器人从入门到应用[M]．北京：机械工业出版社，2016.

[8] 王文斌．基于总线的模块化机器人控制与实现[M]．北京：电子工业出版社，2016.

[9] KEBA CN，KeMotion应用及编程手册V2.3 [Z]．2014.

[10] 清能德创电气技术（北京）有限公司. CoolDriveR 系列伺服驱动器用户说明书[Z]. 2016.

反侵权盗版声明

举报电话：（010）88254396；（010）88258888

传　　真：（010）88254397

E-mail:　　dbqq@phei.com.cn

通信地址：北京市万寿路 173 信箱

　　　　　电子工业出版社总编办公室

邮　　编：100036